家常招牌宴客菜

 犀文圖書 编著

天津出版传媒集团

 天津科技翻译出版有限公司

P前言
erface

　　宴客是我们日常生活中不可缺少的活动，大到满月宴、升学宴、生日宴、结婚宴等，小到三五知己日常聚会等，为求方便，大多数人都选择去酒店、茶楼请别人操持。但即使不说餐厅饮食质量是否过关，宴客总是自家煮制才更显诚意。为此，编者特别为您策划推出了《家常招牌宴客菜》一书，希望能助您一臂之力，在家里就烹饪出一桌丰盛而体面的招牌私房宴客菜。

　　本书均选用大众家庭较常用的食材，精选了南北各地的招牌菜肴，包括凉菜、热菜、汤羹、点心四大系列，近200个菜品，酸甜苦辣俱全，是一本设计科学合理的，集色、香、味、形于一体的美味食谱，只要您认真阅读，掌握要领，就能在自己温馨舒适的家中轻松烹制出一桌既营养均衡、色鲜味美又体面丰盛的筵席，让您的宾客们感受到真正宾至如归的亲切感！

C目录
Contents

Part 1 宴客知识

Part 2 爽口凉菜

❧ Part 3 热菜为王 ❧

Part 4 鲜美汤羹

Part 5 可口点心

Part 1 宴客知识

宴会的基本知识

　　宴会通常指的是以用餐为形式的社交聚首，可以分为正式宴会和非正式宴会两种。正式宴会是一种隆重而正规的宴请，它往往是为宴请专人而精心安排的，地点通常是特定的，或选在比较高级的场所举行。对于排场、气氛、参宴人数、衣着装扮、席位排列、菜肴数量、音乐演奏、宾主致词等，往往都有非常严谨的讲究。非正式宴会也称为便宴，也适用于正式的人际来往，但多见于平常交往。它的形式从简，着重于人际交往，而不重视范围、档次。通常而言，它只安排相干人员加入，对穿戴装束、席位排列、菜肴数量往往不做太高要求，而且也不安排音乐演奏和宾主致词。

　　家宴是在家里举办的宴会。相对正式宴会而言，家宴最重要的是要营造亲热、友好、自然的氛围，使赴宴的宾主双方融洽、自然、随便，相互促进，交流沟通，增进信赖。通常，家宴在礼仪上往往不做特殊要求。为了使来宾感受到主人的器重和友好，基本上要以女主人亲自下厨烹调，男主人充当服务员（或男主人下厨，女主人充当服务员）的形式来招待客人，使客人产生宾至如归的感觉。这也是本书的宗旨，希望能在家宴菜谱方面助您一臂之力。

（图片来源于微图网）

家宴前的基本准备工作

随着时代的进步，居家宴客逐渐成为一种时尚，小型而非正式的家庭宴会十分流行，同时也说明越来越多的人喜欢借助"家"这样一个轻松温馨的交流平台沟通、联络感情。自己动手设计家庭宴会，不仅轻松自在、无拘无束，而且主人亲自下厨，邀友共聚，另有一番餐馆没有的情致。如何在宴客时做到忙而不乱，菜式丰富体面，我们为您提供以下参考：

基本准备一：设计宴客方案。设计宴客方案必须要考虑的几个条件，包括请客的对象、预定的费用、参与的人数、宴客菜肴的内容、选用何种烹调法等，为了使一桌宴席达到完美的境地，这些都是很关键的宴客前的准备，至少要做到心中有数。家宴当天最好制定一份时间安排表，比如上午8点做什么，10点做什么等。合理安排时间，才不至于手忙脚乱。

基本准备二：拟定菜单前要了解并掌握宴客对象的口味。菜单的拟定原则上要坚持"三个不重复"，即主材料、烹调方法和口味三方面最好不要重复。主材料可以从禽、畜肉类、海鲜、蛋、豆腐和蔬菜中去挑选，再用煎、煮、炒、炸、蒸、烩、烧、烤等不同烹调方法，并调配上糖、醋、咖喱、麻辣、红烧、茄汁、芥末等不同的味型，便可搭配出一张出色的菜单。另外，如果条件允许，最好能将炉火烹饪和烤箱食品结合起来，让其各司其职，这样等客人来时，就能有条不紊地上菜，同时将炒、蒸、炖等烹饪方式有机结合起来，既可最大程度利用家中现有烹饪器皿和场所，节约时间，又能极大丰富菜肴样式和内容。

基本准备三：原材料的准备工作。宴前开胃菜、凉拌菜等可以事先准备好，比如泡椒凤爪、开胃黄瓜、双椒拌木耳等，需提前一日或半日做好腌上，待吃时更入味，同时也节省宴客当日的烹饪时间。还有，烘烤类的菜肴也可以提前一夜腌上。能够提前预处理的材料，也要提前弄好，比如鱿鱼、猪脊骨等需要汆水去腥，或者需要提前汆水的配菜，都可以进行预处理。在家宴开始前，也要提前准备好摆盘和主辅料的搭配、料汁的准备，到时只需往锅中放油快手烹炒几下即可。

基本准备四：环境布置清洁很重要。宴客时主人应穿戴整洁，客人到来前应整理好室内摆设，恭候客人光临。台、凳、椅、桌、餐具、酒具、茶具要洁净，厨房内生熟菜要分开摆放，桌上要备好公筷公勺。

基本准备五：安排座位要周到。如果客人不止一席，安排桌位要考虑到客人的年龄、性别、辈分、职业及饮食习惯等，最好安排相互熟悉的客人同坐一桌。

总之，只要事先充分地准备，加上主人自己的巧思，以及菜单灵活运用，即使再忙，宴客也不是难事，一样可以做个气定神闲、从容优雅的主人。

家宴菜肴的挑选及禁忌

　　主人需要事先在了解并掌握宴客对象口味的基础上拟定菜单，要着重考虑哪些菜可以选用、哪些菜不能用，这里我们就来谈谈宴客菜肴应如何挑选。优先考虑的菜肴有四类：

　　第一类：有中餐特色的菜肴，如炸春卷、煮元宵、煎饺、狮子头、宫保鸡丁等，并非好菜厚味，但因为拥有浓郁的中国特色，所以值得把它们列入宴客菜单中。

　　第二类：有外地特色的招牌菜肴，如西安的羊肉泡馍、湖北的毛家红烧肉、上海的红烧狮子头、南京的涮羊肉，若是宴请本地客人，选择这些特色菜，恐怕要比屡见不鲜的生猛海鲜更受好评。

　　第三类：主人的拿手菜。当你准备宴请宾客时，自然少不了奉上自己的拿手好菜。所谓的拿手菜不必非要达到高级大厨的档次，只要是您精心制作的拿手菜就是一道佳肴，家宴中强调的正是主人的热情和用心。切忌挑些制作有难度的菜肴，以免手忙脚乱。

　　在安排菜单时，还必须考虑来宾的饮食禁忌，特别是要对主宾的饮食禁忌高度重视。不同地区，人们的饮食偏好往往不同。对于这一点，在安排菜单时要兼顾。比如，湖南省的人普遍喜欢吃辛辣食物，少吃甜食。英美国家的人通常不吃罕见动物、动物内脏、动物的头部和脚爪。

家宴时上菜的次序

宴席上的菜肴，一般由冷盘、热炒、大菜、甜菜、点心等组成，有其一定的架构。宴席菜肴上桌的顺序，各地的习惯不同，但一般是先冷菜、后热菜，先菜肴、后糕点，先咸后甜，先炒后烧，先好的后普通的，先油腻的后清淡的。具体如下：

一是先有几个冷盘，让宾客餐前随意享用一下，一来免得冷场，二来宾客中如有饥肠辘辘者，可先垫垫肚子。

二是关于汤的先后问题。南方习惯先上汤，有"吃饭先喝汤，胜过开药方"的说法，主张先把胃口喝开。北方人后喝汤就是喜欢"溜缝儿"，吃得再足实点。汤的先后问题，入乡随俗即可。

三是现炒现上的热菜，两道菜之间要有一定的间隔。一道菜吃到一多半，第二道便可上桌。

同样的菜肴，上菜方法对路，客人的胃口会更佳。另外，按照我国的传统习惯，在上每一道新菜时，需将上一道剩菜移向第二主人一边，将新上的菜放在主宾面前。

四是凡肥腻、重口味之菜肴，如扣肉、红烧肉，上的次序一般不能太靠后。因为那时宾客用餐已经有一段时间，再把这些好东西端上来，只能给人雨过送伞的感觉。

五从咸淡口味的角度而言，菜要一道比一道清淡。炒菜最大的学问是放盐。所谓盐调百味，菜肴中的鲜味、甜味、香味，全靠盐把它们调动出来。人常说，盐是君子，把食物中的各种好味道调出来之后，它就隐退到了幕后。倘若一道菜上来，谁要吃出了盐的味道，那么这道菜就失败了——这就叫盐压百味。故而上菜应一道比一道清淡。

家宴餐具的使用和礼节

菜肴的色泽和食欲关系很密切，同样，菜肴和餐具的搭配也不能忽视，试想一下，鲜绿的蔬菜用带有图案的餐盘来装盛，将会把蔬菜衬托得更加美观。简而言之，餐具的合理使用能为宴席增添一份生动的色彩。这里，我们主要介绍一下餐具的使用和使用礼节等问题。

筷子。筷子是中餐最主要的餐具。使用筷子，通常必须成双使用。用筷子取菜、用餐的时候，要注意几个筷子礼仪问题：一是不管筷子上是否残留食物，都不要去舔。用舔过的筷子去夹菜，是不礼貌的表现。二是和人交谈时，要暂时放下筷子，不能一边说话，一边挥舞着筷子。三是注意筷子的基础功能。筷子只是用来夹取食物的。用筷子剔牙、挠痒或是用夹取食物以外的东西都是失礼的。

勺子。它的主要作用是舀取菜肴、食物，用筷子取食时，也可以用勺子来辅助，尽量不要单用勺子去取菜。用勺子取食物时，动作要轻，避免菜肴溢出弄脏餐桌或自己的衣服。不用勺子时，应放在自己的碟子上，不要把它直接放在餐桌上，或是餐盘中。用勺子取食物后，要即时食用或放在自己碟子里，不要再把它倒回原处。而如果取用的食物太烫，不可用勺子舀来舀去，也不要用嘴对着吹，可以先放到自己的碗里等凉了再吃。

盘子。稍小点的盘子就是碟子，主要用来盛放食物，在使用方面和碗略同。还有一种被称为食碟的盘子，其主要作用是用来暂放从公用的餐盘里取出的菜肴。盘子在餐桌上一般要保持原位，而且不要堆放在一起。不要把多种菜肴堆放在同一盘子中，这样可能会引起"窜味"，既不雅观，也不好吃。不吃的残渣、骨、刺不要吐在地上、桌上，而应轻轻取放在食碟前端，放的时候不能直接从嘴里吐在食碟上，要用筷子夹放到食碟旁边。

水杯。主要用来盛放净水、汽水、果汁、可乐等饮料时使用。不要用它来盛酒，也不要倒扣水杯。另外，喝进嘴里的东西不能再吐回水杯。

牙签。宴客时主人需要备好牙签以满足宾客的需要。使用牙签时，需注意不要当众剔牙。非剔不可时，用另一只手轻掩口部，剔出来的东西，不要当众欣赏或再次进口，也不要顺手乱弹，随口乱吐。剔牙后，不要长时间叼着牙签，更不要用来扎取食物。

Part 2 爽口凉菜

凉菜怎么围盘才好看

宴客的凉菜和平时吃的凉菜虽然在主要食材方面与日常无异,但前者在围盘方面还是十分讲究的,应做到色香味俱全,不仅上桌观感好,而且更能激发宾客的食欲。凉菜怎么围盘才好看,大体可分为3个步骤、6种方法:

围盘的3个步骤:

围盘必须根据原料的原有形态,以及经过刀工处理的块、片、条、丝等不同形状适当使用。围盘时一般要经过垫底、围边、装面3个步骤。第一步垫底,即围盘时先把一些碎料和不整齐的块、段配料垫在盘底;第二步围边,又称"扇面",就是用比较整齐的熟料在四周把垫底的碎料盖上;第三步装面,把质量最好,切得最整齐,排列得最均匀、美观的熟料排在盘面上。

围盘的6种方法:

排:将熟料平排成行地排在盘中,排菜的原料大都切成较厚的方块或腰圆块、椭圆形。排,可有各种不同的排法,如"火腿",叠排成锯齿形,逐层排迭,可以排出多种花色。

堆:把熟料堆放在盘中,一般用于单盘。堆也可配色成花纹,有些还能堆成很好看的宝塔形。

叠:是把加工好的熟料,一片片整齐地叠起,一般叠成梯形。

围:将切好的熟料,排列成环形,层层围绕。用围的方法,可以制成很多的花样。有的在排好主料的四周围上一层辅料来衬托主料,叫做围边。有的将主料围成花朵,中间另用辅料点缀成花心,叫做排围。

摆:运用各式各样的刀法,采用不同形状和色彩的熟料,装成各种物形或图案等,这种方法需要有熟练的技术,才能摆出生动活泼、形象逼真的形状来。

覆:将熟料先排列在碗中或刀面上,再翻扣入盘中或菜面上。

凉菜食材大集合

海带

海带是一种著名的海洋蔬菜，主要含碘、藻胶酸和甘露醇等成分，可以防治甲状腺肿大、佝偻病等疾病。凉拌海带丝是以海带为主要食材的凉拌家常菜，口味咸鲜微辣，菜品含碘丰富，可增强机体免疫力。

芦笋

芦笋的抗病能力很强，在生长过程中无需打农药，是一种真正的无公害蔬菜。芦笋营养丰富，含有维生素 A、维生素 B_1、维生素 B_2、烟酸以及多种微量元素。吃完荤菜来一碟凉拌芦笋真的非常解油腻。

萝卜

萝卜含有大量纤维素、多种维生素及微量元素和双链核糖核酸。纤维素可以促进胃肠蠕动，防治便秘。双链核糖核酸能诱导人体产生干扰素，增强人体免疫力。总体来讲萝卜有益无害，而且凉拌更有利于胡萝卜素的保存，更加有营养。

金针菇

金针菇含有较全的人体必需氨基酸成分，其中赖氨酸和精氨酸含量尤其丰富，对增强智力尤其是对儿童的身高和智力发育有良好的作

用，被誉为"增智菇"。常食金针菇还能降胆固醇，预防肝脏疾病和肠胃道溃疡。金针菇中含锌量比较高，也有促进儿童智力发育和健脑的作用。夏天食用凉拌金针菇可以补充因为出汗而流失的钾，消除疲劳。

芹菜

芹菜有甘凉清胃、涤热祛风、利咽喉、明目益气、补血健脾、止咳利尿、降压镇静等功效。因此，芹菜有"厨房里的药"之称。经常吃芹菜能增强抵抗力，尤其在夏季，人们往往容易出现感冒发烧、咽喉疼痛、口腔溃疡、心烦等症状，常吃芹菜有助于清热解毒，祛病强身。芹菜的降压作用在其炒熟后并不明显，最好凉拌，可最大限度地保存营养，起到降压的作用。所以，芹菜很适合做凉拌菜。

香菜

香菜有散热解表、健胃健脾等功效，为温中、健胃的食品，脾胃虚弱的人也可食用。虽然香菜常处于配菜的地位，但它开胃消食的能力丝毫不逊色于许多大牌主菜。香菜尤其适合做凉拌菜的配菜，香菜拌木耳、香菜拌豆腐、香菜拌海蜇丝等，不仅能增色增味，还能给营养加分。

腰花拌双笋

材料

猪腰1个，芦笋、茭笋各50克，蒜泥15克，辣椒15克，花椒4克，鸡精3克，盐3克，蚝油10毫升，生抽10毫升。

制作方法

1. 猪腰去膜，净臊，切花刀片，用盐水汆熟备用。
2. 芦笋、茭笋、辣椒均切段，用花椒、鸡精、盐炝熟。
3. 将以上所有材料加鸡精、蚝油、生抽、蒜泥拌匀即可。

营养师语

芦笋含有多种人体必需的大量元素和微量元素。大量元素如钙、磷、钾、铁的含量都很高；微量元素如锌、铜、锰、硒、铬等成分含量比例适当。

温馨提示

芦笋、茭笋可以先过盐水，再炝熟，这样更加鲜嫩多汁。

清拌猪肚

材料

猪肚 1 副，葱 10 克，红辣椒 10 克，姜 5 克，香菜 5 克，盐 3 克，松肉粉 5 克，鸡精 5 克，鲜露 5 毫升，蚝油 5 毫升，香油 3 毫升，辣椒油 7 毫升。

制作方法

1. 用盐反复揉搓猪肚，洗干净后，用松肉粉腌渍 4 小时。

2. 猪肚下入沸水中煮至熟烂，过冰水投凉，切成丝备用；葱、红辣椒、姜分别切成丝；香菜切段。

3. 将香菜段、葱丝、红辣椒丝、姜丝、猪肚丝加盐、鸡精、鲜露、蚝油、香油、辣椒油拌匀即可。

营养师语

猪肚中含有大量的钙、钾、钠、镁、铁等元素和维生素 A、维生素 E、蛋白质、脂肪等成分。

温馨提示

要除去猪肚上的污秽和腺味，可先用面粉把猪肚擦一遍，放在清水里洗去污秽黏液，然后放进沸水锅中煮至白脐结皮，取出，再放在冷水中，用刀刮去白脐上的秽物。

肉酱花生米

材料

花生米 100 克，猪肉馅 50 克，干辣椒 15 克，大葱 10 克，香菜 5 克，料酒 5 毫升，糖 5 克，鸡精 3 克，酱油 5 毫升，清汤 15 毫升，食用油 5 毫升。

制作方法

1. 花生米泡软，洗净，沥干水分；干辣椒洗净泡软，切段；大葱切丁；香菜择洗干净，切段。

2. 炒锅上火烧热，加适量食用油，下葱丁、干辣椒段炝锅，下入猪肉馅煸炒至变色，烹入料酒、清汤、糖、鸡精、酱油，炒至浓稠，出锅装碗。

3. 用炒好的肉酱拌匀花生米，加入香菜段即可。

营养师语

花生含有维生素 E 和一定量的锌，能增强记忆，抗老化，延缓脑功能衰退，滋润皮肤。

温馨提示

"炒酱拌"是创新烹调技法之一。此菜咸、鲜、香、辣、脆，是佐酒佳肴。

肉酱不可炒得过老，肉变色调味即可。

豆酱茭笋

材料

茭笋 150 克，猪肉 80 克，辣椒 20 克，蒜 10 克，葱 10 克，黄豆酱 7 克，料酒 10 毫升，糖 3 克，盐 3 克，胡椒粉 3 克。

制作方法

1. 茭笋洗净，放入沸水中氽烫捞出，沥干水分，切片；辣椒洗净，去蒂，切丝；葱洗净，切段；蒜去皮，切片；猪肉切丝。

2. 锅中倒入食用油烧热，爆香葱蒜，放入猪肉丝快炒一下，盛出晾凉。

3. 锅中放茭笋、辣椒、黄豆酱、料酒、糖翻炒均匀，盛起前加入盐、胡椒粉与猪肉丝，调匀即可。

营养师语

现代营养医学认为茭笋富含碳水化合物、膳食纤维、蛋白质、脂肪、核黄素、维生素 E、钾、钠等，也有部分有机氮以氨基酸形式存在，所以味道鲜美。

温馨提示

茭笋的烹调方式与竹笋颇为相似，因此有人称它为白竹笋，在烹调之前用热水将其先行烫过，可以保持其柔软度。

卤牛肉

材料

牛腱子肉250克，红辣椒20克，青椒10克，盐5克，醋10毫升，葱15克，姜15克，蒜末15克，大料20克，花椒15克，干辣椒20克，料酒6毫升，生抽7毫升，香油3毫升，香叶10克，草果10克，白芷10克，丁香10克，陈皮10克，肉桂10克，红油15毫升。

制作方法

1. 牛肉凉水入锅，煮沸后除去血沫捞起。

2. 沙锅入水，放入牛肉及所有辅料，大火煮沸转小火煮，关火煎20分钟，加入盐，闷一宿。

3. 捞出卤好的牛肉切片装盘，将生抽、醋、蒜末、香油、红油搅拌均匀，调成汁，淋在牛肉上即可。

营养师语

寒冬食牛肉，有暖胃作用，为寒冬补益佳品。中医认为：牛肉有补中益气、滋养脾胃、强健筋骨、化痰熄风、止渴止涎的功能。适用于中气下陷、气短体虚、筋骨酸软、贫血久病及面黄目眩之人食用。

温馨提示

牛肉有黄牛肉、水牛肉之分，以黄牛肉为佳。其性味甘平，含有丰富的蛋白质、脂肪、B族维生素、烟酸、钙、磷、铁、胆甾醇等成分，具有强筋壮骨、补虚养血、化痰熄风的作用。

川味牛肉

材料

牛肉 500 克，干辣椒 30 克，料酒 15 毫升，红糖 10 克，冬笋块 50 克，盐 8 克，食用油 5 毫升，香油 5 毫升。

制作方法

1. 牛肉切成 1 寸见方的块，用铁板烤透，盛出。

2. 锅内倒入食用油，放入干辣椒、料酒、红糖、冬笋块、盐、香油、牛肉炖透收干汁，将汁水淋在牛肉上即可。

营 养 师 语

牛肉含有足够的维生素 B_6，可增强人体免疫力，促进蛋白质的新陈代谢和合成。

温 馨 提 示

买来牛肉提前用清水浸泡可以更好地清除牛肉内的血水，以避免长时间的焯水而降低肉香味，然后用尖锥穿到肉里，为酱汁得以直达肌理深层打开通道，再将牛肉置盆中，用花椒、料酒、葱段、姜片，给它做"全身按摩"，这样做出的牛肉能更加入味。

红油肚丝

材料

猪肚 200 克，黄瓜 150 克，金针菇 30 克，葱段、姜丝各 15 克，料酒 10 毫升，盐 5 克，鸡精 5 克，红油、食用油各 10 毫升。

制作方法

1. 猪肚剪开，用面粉反复揉搓表面和内部，剪去白油；用清水将猪肚洗净，用盐反复揉搓，冲洗干净。

2. 将猪肚放入锅内，加水煮沸后倒掉，用冷水洗净猪肚，去内部白膜；猪肚加清水煮沸后，加料酒、葱段、姜丝和盐，用高压锅煮 8 分钟。猪肚取出放入盆内，上面用重物压 2 小时以上至凉，切丝待用。

3. 金针菇在沸水中汆烫后沥干，黄瓜洗净切片；将金针菇和黄瓜倒入装有肚丝的盆内，撒鸡精，淋入红油搅拌即可。

营 养 师 语

金针菇能有效地增强机体的生物活性，促进体内新陈代谢，有利于食物中各种营养素的吸收和利用，对生长发育也大有益处。

温 馨 提 示

新鲜猪肚黄白色，手摸劲挺黏液多，带有内脏器官特有的腥臊味。清洗猪肚还可用盐醋法，即将猪肚用盐＋醋＋葱叶反复搓洗，直至洗净黏液无腥味为止。

盐水牛肉

材料

牛腱子肉 500 克，香菜 100 克，盐、糖、葱、姜各 5 克，花椒 10 克，料酒、香油各 5 毫升。

制作方法

1. 牛腱子肉用盐、糖、花椒揉搓腌上（冬季 1 星期，夏季 3 天，期间翻动 2 次），取出后要洗净；香菜洗干净备用。

2. 锅内放牛腱子肉及拍破的葱、姜、料酒和适量的水（以没过肉为准），煮到七成烂为止，捞出晾凉，刷上香油。

3. 食用时，切薄片摆盘，淋香油，撒香菜。

营 养 师 语

香菜内含维生素 C、胡萝卜素、维生素 B₁、维生素 B₂ 等，同时还含有丰富的矿物质，如钙、铁、磷、镁等，有健胃消食、发汗透疹、利尿通便、祛风解毒等功效。

温馨提示　　牛肉煮好后，不可揭盖，任其自然凉透后入冰箱冷藏室搁置 24 小时以上。切记，此乃不可或缺的必要环节，否则酱汁无从回味，牛肉粗糙干硬，前功尽弃。

香菜拌牛肉

材料

熟牛肉 70 克，红油 5 毫升，香菜 10 克，酱油 10 毫升，醋 5 毫升，盐、味精、糖各 4 克。

制作方法

1. 熟牛肉切片备用。
2. 香菜切成段，备用。
3. 熟牛肉、香菜与调料拌匀装盘即可。

营养师语

牛肉含蛋白质、脂肪、维生素 B_1、维生素 B_2、磷、钙、铁、胆甾醇等，牛肉蛋白质中所含人体必需氨基酸甚多（如色氨酸、赖氨酸、苏氨酸、亮氨酸、缬氨酸等），故其营养价值甚高。

温馨提示

香菜又被叫做芫荽、胡荽，是做汤或凉拌菜的最好辅料。选购时应以苗壮、叶肥、新鲜、长短适中、香气浓郁、没有黄叶、没有虫害的为佳。

西兰花拌腊肠

材料

腊肠300克，西兰花150克，蒜薹50克，红椒9克，姜丝3克，红油5毫升，酱油10毫升，醋5毫升，盐、味精、糖各4克。

制作方法

1. 西兰花切成块，过水煮熟捞出，晾凉备用。

2. 将调料拌匀，调成味汁，红椒切成圈备用。

3. 腊肠蒸熟，晾凉切成片，与蒜薹、味汁拌匀，装盘撒上红椒圈、姜丝即可。

营养师语

西兰花有增强机体免疫功能，其维生素C含量极高，有利于人的生长发育，更重要的是能提高人体免疫功能，促进肝脏解毒，增强人的体质和抗病能力。

温馨提示

为保持西兰花脆嫩，在炒制时不宜直接上锅烹炒，应先用开水焯一下，做成烩菜；也可以在焯水后，回锅调味，翻炒几下出锅；如能在菜上加一些牛奶，炒出的菜更加白净可口；如加配料，应添加熟肉制品，投入拌炒几下即可出锅，尽量减短加热时间。

枇杷拌鸡片

材料

鲜枇杷50克，鸡胸肉150克，蒜10克，生姜10克，香菜10克，红辣椒10克，食用油8毫升，盐5克，味精2克，香油2毫升，清汤5毫升。

制作方法

1. 鲜枇杷切4瓣；蒜切成末；生姜去皮，切成末；香菜洗净切末；红辣椒切末。

2. 锅内加水，待水沸时，投入鸡胸肉，用小火煮至刚熟，捞起，切片，码入碟中。

3. 在碗内放入蒜末、姜末、红辣椒末、香菜末，调入盐、味精、香油，淋入热食用油，注入5毫升清汤，调匀淋在鸡肉上，周围摆上枇杷即可。

营师语

枇杷中所含的有机酸能刺激消化腺分泌，对增进食欲、帮助消化吸收、止渴解暑有很好的作用。枇杷中还含有苦杏仁甙，能够润肺止咳、祛痰。

温馨提示

煮鸡肉时火要小，否则容易肉粗而不嫩。

芥末鸭掌

材料

鸭掌 500 克，芥末、料酒、葱、姜、盐、味精、白醋、糖、食用油各适量。

制作方法

1. 将鸭掌洗净，煮约 3 分钟，用清水洗净；葱切段；姜切片。

2. 原锅洗净，放入鸭掌、料酒、葱段、姜片、味精和 250 毫升清水煮至八成熟，取出晾凉，拆净大小骨头，一切两块，整齐地装入盘中。

3. 芥末粉加入温开水，调匀，再加入醋、糖、盐、味精、食用油拌匀，加盖 30 分钟后，浇在鸭掌面上即可。

营养师语

芥末的主要辣味成分是芥子油，其辣味强烈，可刺激唾液和胃液的分泌，有开胃功效。

温馨提示

日常生活中通常使用的是芥末粉或芥末酱，以色正味冲、无杂质者为佳品。芥末不宜长期存放。

豆瓣酱拌皮蛋

材料

皮蛋 250 克，豆瓣酱 20 克，盐 5 克，酱油 5 毫升，红油 8 毫升，醋 7 毫升，白糖 3 克。

制作方法

1. 皮蛋去壳洗净切小块，装盘。

2. 豆瓣酱放入大碗中，加入盐、糖、鸡精、香醋和香油，做成料汁。

3. 将做好的料汁淋在皮蛋上即可。

营师语

豆瓣酱有补中益气、健脾利湿、止血降压、涩精止带的功效；可防治中气不足、倦怠少食、高血压、咯血、衄血、妇女带下等病症，还可以开胃健脾、消食去腻。

温馨提示　豆瓣酱本身就有咸味，盐少放即可。

芝麻鸭肠

材料

细鸭肠 150 克，蒜头 20 克，大料 20 克，花椒 10 克，料酒 20 毫升，醋 5 毫升，红油 10 毫升，鸡精 2 克，香油 3 毫升，豆瓣酱 20 克，面粉 50 克，色拉油 20 毫升，芝麻 10 克，葱末 3 克。

制作方法

1. 鸭肠先用面粉、色拉油和盐抓洗，再用清水冲干净，这样的动作多重复几遍，彻底清洗干净。

2. 洗干净鸭肠，加料酒、生姜焯水。

3. 焯烫好鸭肠再次冲洗干净，加料酒、生姜、花椒、大料、鸡精、盐、水，烧开，改小火再烧 10 分钟，卤好鸭肠，摆入盘中。

4. 将醋、料酒、辣椒油、芝麻、白糖、蒜泥、香油、葱末根据自己的口味调成汁，浇在鸭肠上即可。

 营 养 师 语

鸭肠对人体新陈代谢、神经、心脏、消化和视觉的维护都有良好的作用。

 温馨提示

选购时如果鸭肠色泽变暗，呈淡绿色或灰绿色，组织软，无韧性，黏液少且异味重，说明质量欠佳，不宜选购。

虾米拌嫩黄瓜

材料

虾米 10 克，嫩黄瓜 250 克，姜、葱、香油、盐、味精各适量。

制作方法

1. 将黄瓜洗净，切去两头后切成条，用盐腌渍片刻，滤去盐水，拌入适量味精。

2. 将虾米放入碗内，注入适量清水，加姜、葱，隔水蒸至熟透时取出。

3. 放凉后淋上香油即可。

营养师语

此菜具有促进食欲、利尿的功效，适用于烦渴、口腻时食用；水肿时饮黄瓜汁或生吃黄瓜可以减轻症状，且黄瓜还能治烫伤；老黄瓜或黄瓜籽能治黄疸和肝病。

温馨提示

在烹饪前，必须先把原料虾按质量、大小分类。对混有砂和污物的虾，必须在清水中洗刷干净，剔除小虾、小鱼和异物。为避免虾出现贴皮现象，在煮前要用冷水（最好用冰水）浸泡原料虾 20 分钟左右。

酸辣海蜇

材料

海蜇 400 克，醋、料酒各 15
毫升，蒜蓉 5 克，红油 7 毫升，
盐 5 克，白糖 3 克，花椒粉
3 克，黄瓜丝 100 克。

制作方法

1. 将海蜇用流动水洗净表面
   泥沙，在碗中注入大量清
   水，放入海蜇浸泡 3 小时，
   去除盐味。

2. 取出泡好的海蜇，切成丝。
   锅内烧开水，放入海蜇丝，
   烫熟后立刻捞出，放入凉
   水中浸泡 3 分钟。

3. 取小碗，加入蒜末、醋、
   料酒、盐、白糖、花椒粉、
   红油调成味汁。

4. 将海蜇丝、黄瓜丝加入调
   好的味汁，拌匀装盘即可。

营 养 师 语

　　我国医学认为，海蜇有清热解毒、化痰软坚、降压消肿之功效。海蜇含有人体需要的多
种营养成分，尤其含有人们饮食中所缺的碘，是一种重要的营养食品。

温馨提示　　海蜇在食用前一定要用清水洗净，去掉盐、矾、血里、沙子，再用热水氽一下，
然后切丝拌凉菜用。

皮蛋拌熟蚌肉

材料

皮蛋 3 个，贵妃蚌 600 克，红菜椒、葱、生姜、盐、味精、料酒、香油各适量，泡椒水 10 毫升。

制作方法

1. 贵妃蚌洗净，皮蛋蒸熟切块，红菜椒、生姜切碎，葱切花。

2. 锅内加水烧开，放入料酒、贵妃蚌稍煮片刻，捞起待用。

3. 将处理好的皮蛋、蚌肉加入姜碎、红菜椒碎、盐、味精、香油、泡椒水拌匀，上碟撒上葱花即成。

营养师语

蚌肉滋阴养肝，清热明目。主治肝肾阴虚、腰膝酸软、眼目昏花、耳鸣眩晕、眼干多眵、阴虚内热、烦热引饮、消谷善饥、多尿、月经过多、白带、痔漏、目赤等。

温馨提示

蚌肉在烹煮前，首先要摘除灰黄色的鳃和背后的泥肠；要用木棒把斧足敲松，敲得摸不着硬块才好；洗涤时要用食盐揉搓，把黏液洗净，就可以烹煮了。

SUCAI
素菜

凉拌黄瓜

材料

黄瓜 500 克，蒜、食用油、辣椒、盐、醋、糖、味精、香油、辣椒粉各适量。

制作方法

1. 黄瓜洗净，切条；蒜去皮，剁泥。

2. 锅内放食用油，烧至七成热，放入辣椒粉、蒜泥，接着放入适量盐、糖、醋。

3. 翻炒几下，等各辅料熔化，再加入少量味精。

4. 等锅里的辅料冷却之后，再倒在已经切好的黄瓜上，浇上香油，拌匀即可。

营养师语

　　黄瓜含有丙氨酸、精氨酸和谷胺酰胺，可防酒精中毒，对肝脏患者，特别是对酒精肝硬化患者有一定辅助治疗作用。

温馨提示

　　刚拌好的黄瓜，马上吃还没有入味，要腌制一会儿入味了才好吃。

凉拌油豆腐

材料

油豆腐200克，香菜20克，大蒜、酱油各5克。

制作方法

1. 油豆腐洗净，对切一半，放入沸水中氽烫，捞出沥干。

2. 香菜洗净，和油豆腐一起摆在盘中，放冰箱冷藏。

3. 食用时取出油豆腐，将大蒜去皮、切末，装在小碟中加酱油调匀，淋在油豆腐上，端出蘸食即可。

营养师语

油豆腐富含优质蛋白、多种氨基酸、不饱和脂肪酸及磷脂等，铁、钙的含量也很高。油豆腐一般人皆可食用，油豆腐相对于其他豆制品不易消化，经常消化不良、胃肠功能较弱的人慎食。

温馨提示

爱吃辣的人也可以添加青椒丝、红椒丝拌匀。

白菜丝拌紫菜

材料

白菜 500 克，紫菜 15 克，大蒜 25 克，食用油、盐、米醋、味精、香油各 5 克，泡椒水 10 毫升。

制作方法

1. 取白菜嫩叶切成丝，放入沸水烫一下后捞出，用冷水过凉，捞出挤去水分；紫菜放温水里浸泡片刻，撕成小块，取出控水备用；大蒜去皮剁成细末。

2. 锅置火上，放食用油烧至五成热时，放入蒜末煸炒出香味，出锅倒在碗里，加上盐、米醋、味精、香油、泡椒水拌匀成味汁。

3. 将白菜丝和紫菜放在大碗里，加入调好的味汁调拌均匀，装盘上桌即可。

营 养 师 语

紫菜营养丰富，其蛋白质含量超过海带，并含有较多的胡萝卜素和核黄素。其蛋白质、铁、磷、钙、核黄素、胡萝卜素等含量居各种蔬菜之冠，故紫菜又有"营养宝库"的美称。

温馨提示

紫菜也可先撕成小块，再进行浸泡，会比较方便烹饪。

凉拌菠菜

材料

菠菜300克，蒜10克，蚝油5毫升。

营师语

菠菜具有养血止血、利肠通便、解热毒之功效；蚝油是老少皆宜的保健佳品，适合身体虚弱、营养不良的人食用，尤其适合儿童补充锌元素，促进其智力和身体发育。

制作方法

1. 菠菜洗净，放入沸水中汆烫一下，捞出，立即浸入凉开水中，待凉后捞起，以手轻轻挤干水分。

2. 将菠菜对切成两段，装在盘中。

3. 蒜去皮切末，撒在菠菜上，淋上蚝油即可。

温馨提示　菠菜应在沸水中烫熟再捞出。

酸辣菜花

材料

菜花 500 克，干辣椒 30 克，醋 25 毫升，咖喱粉、盐、味精、糖各适量。

制作方法

1. 将菜花洗净，掰成小朵，放入沸水中烫透捞出，用冷水过凉后控水；干辣椒去蒂、籽后洗净，切成细丝。

2. 炒锅上大火，加水适量，放入咖喱粉、干辣椒丝、糖、盐、味精、醋，煮沸后撇去浮沫，起锅晾凉后倒入大汤盆内。

3. 加入菜花浸泡，约 4 小时后捞出，整齐地摆放盘中，上桌时淋入适量腌菜花的原汁即可。

 营养师语

此菜补气益心、开胃醒脑，可防治神经衰弱、慢性胃炎、疲劳综合征、抑郁症等疾病。

 温馨提示

菜花浸泡越久越入味，如放冰箱中，会更加可口。

凉拌黑木耳

材料

干黑木耳 30 克，黄瓜 600 克，蒜泥、芝麻、盐、味精各 5 克，香油 6 毫升。

营师语

黑木耳含有维生素 K，能减少血液凝块，预防血栓的产生，从而起到防治动脉粥样硬化和冠心病的作用。

制作方法

1. 干黑木耳浸水泡发，黄瓜洗净切丝。

2. 将黑木耳去掉根蒂、洗净，放入沸水中氽一下，捞起，沥干水分，盛在碗内。

3. 加入黄瓜丝、蒜泥、芝麻、盐、味精、香油，拌匀后即可。

温馨提示

干黑木耳中会夹杂泥沙，泡发后，应充分洗净。

凉拌竹笋

材料

竹笋200克，盐、姜丁、蒜丁、醋、香菜各5克，红油8毫升。

营 师 语

此菜具有祛热化痰、解渴益气、爽胃等功效，适用于水肿、腹水、急性肾炎、喘咳、糖尿病等。

制作方法

1. 竹笋切丝。

2. 把竹笋丝放进锅里煮熟，但不要煮太久。

3. 把竹笋丝捞出，沥干水分，放进碗里，加盐、姜丁、蒜丁、红油和醋，拌好后加香菜即可。

温馨提示

竹笋是鲜菜，越新鲜越嫩，吃起来口感越好，因此保鲜很重要。只要买回竹笋后在切面上涂抹一些食盐，然后将它放入冰箱中冷藏就可使其吃起来鲜嫩爽口。

红油腐竹

材料

腐竹 200 克，红辣椒丝 5 克，红油 15 毫升，醋 10 毫升，盐 7 克，酱油 8 毫升，味精 2 克，黑芝麻 2 克，香菜末 3 克。

制作方法

1. 腐竹用温水泡软，开水煮熟，切斜段，装盘。

2. 将红油、醋、盐、酱油、味精、红辣椒丝拌匀做成味汁。

3. 将味汁均匀地淋在腐竹上，撒上香菜末、黑芝麻即可。

营养师语

腐竹具有良好的健脑作用，对预防老年痴呆症的发生有一定作用。此外，腐竹中所含有的磷脂还能降低血液中胆固醇含量，有防止高脂血症、动脉硬化的效果。

温馨提示

好的腐竹色泽黄白，油光透亮，含有丰富的蛋白质及多种营养成分，用清水浸泡（夏凉冬温）3～5 小时即可发开，泡发时需用其他容器压盖住腐竹。

泡椒藕片

材料

莲藕 250 克，盐 5 克，白糖 3 克，花椒粉 2 克，蒜末 2 克，葱末 3 克，酱油 3 毫升，泡椒 10 克，黑芝麻 10 克。

制作方法

1. 藕洗净，削去黑皮，一切两半，再改刀直切成一分厚的薄片。

2. 在锅中加入水，水开后，将藕片过水，捞出晾凉。

3. 取小碗，加入芝麻、酱油、盐、白糖、花椒粉、泡椒调成味汁。

4. 将味汁与藕片拌匀，装盘，撒上蒜末、葱末即可。

营 养 师 语

　　莲藕富含维生素 C 和粗纤维，既能帮助消化、防止便秘，又能供给人体需要的碳水化合物和微量元素，防止动脉硬化，改善血液循环，有益于身体健康。

温 馨 提 示

　　煮藕时忌用铁器，以免导致食物发黑。

豆瓣酱草菇

材料

草菇 300 克，豆酱瓣 50 克，盐 5 克，花椒粉 2 克，酱油 3 毫升，香菜末 5 克。

制作方法

1. 草菇洗净，切两半。

2. 水烧滚加一勺盐，倒入草菇焯水，捞出沥干水。

3. 倒入豆瓣酱和草菇，加少量盐、香油、花椒粉、酱油拌匀。

4. 装盘，撒上香菜末即可。

营师语

草菇的维生素 C 含量高，能促进人体新陈代谢，提高机体免疫力，增强抗病能力；草菇还能消食去热，滋阴壮阳，增加乳汁，防止坏血病，促进创伤愈合，护肝健胃。

温馨提示

新鲜的蘑菇含水量可达 90%，保存期不长。要想在家储存时间长一些，买回来后一定要摊放在报纸上，放在阴凉处晾干。

蒜泥黄瓜

材料

黄瓜 200 克，蒜 30 克，白糖 3 克，醋 10 毫升，盐 5 克，红油 15 毫升，酱油 10 毫升，香油适量。

制作方法

1. 将黄瓜洗净去皮，用刀拍松，切成段。

2. 蒜去衣，加入盐，剁成蒜泥。

3. 醋、红油、酱油、白糖、蒜泥与黄瓜段拌匀，装盘，淋上香油即可。

营养师语

　　黄瓜含有较多维生素 E，有抗过氧化和抗衰老作用。黄瓜中所含的葫芦素 C 能激发人体免疫功能；它所含的纤维素可促进胃肠蠕动，促使肠道内腐物残渣排泄，可预防大肠癌。

温馨提示

　　黄瓜先拍散，再切成段，比较容易入味。

五香水煮花生

材料

花生 300 克，五香粉 15 克，大料 3 克，花椒 8 克，盐 10 克，干辣椒 25 克。

制作方法

1. 把所有原料放进一个容器，加水浸泡 4 小时以上，最好把花生泡发。
2. 把泡好的花生和料水一起放进锅里煮半小时。
3. 煮好以后继续泡 4 小时以上。
4. 晾凉后，将花生盛出装盘。

营 养 师 语

花生中的维生素 K 有止血作用。花生含有的维生素 C 有降低胆固醇的作用，有助于防治动脉硬化、高血压和冠心病。花生还有扶正补虚、悦脾和胃、润肺化痰、滋养调气、利水消肿、止血生乳、清咽止疟的作用。

温馨提示

花生一定要清洗干净至泡在水里没有泥沙沉淀，不然就不是五香花生而是泥巴花生了。在煮花生之前，把花生前面的一头，用拇指和食指轻轻按一下，花生壳就裂开一个小口子，这样花生容易入味。

辣椒拌豆干

材料

豆干 100 克，红辣椒、青辣椒各 15 克，蒜、酱油、糖、黑醋、香油各 5 克。

制作方法

1. 青辣椒洗净切丝，放入沸水中氽烫，捞出，浸入凉开水中，待凉捞出；红辣椒洗净，去蒂切丝；蒜去皮，切末。

2. 豆干洗净，放入沸水中煮熟，捞出，切粗丝，装在碗中加酱油、糖、黑醋、蒜末拌匀。

3. 再加入青辣椒丝和红辣椒丝拌匀，食用时淋上香油即可。

营 养 师 语

　　辣椒的有效成分辣椒素是一种抗氧化物质，辣椒素有行血、散寒、解郁、健胃的功效，适当地吃辣椒可以促进唾液分泌、增强食欲。

温馨提示

　　辣椒应选购果肉厚，果形完整，色鲜艳、有光泽，表皮光滑，含油量高，辣味较强者为优。

素牛肉

材料

豆油皮 800 克，盐、食用色素、胡椒粉、辣椒粉、味精、香油、椒盐、姜汤各 5 克。

营养师语

豆油皮含有丰富的优质蛋白、大量的卵磷脂和多种矿物质，能有效补充钙。

制作方法

1. 将豆油皮用温水洗软，将盐、食用色素、胡椒粉、味精、香油、姜汤调成味汁。

2. 将豆油皮铺平在白净布上，铺一层抹一层调味汁，隔 3 层涂一次食用色素，叠数层后，将其卷紧成圆棒形，用纱布包紧、竹片夹好，用绳捆紧。

3. 上笼用大火蒸 1 小时，出笼晾凉，剥去包布，切片装碟，淋香油，撒上椒盐、辣椒粉即可。

温馨提示

可随自己喜爱搭配其他青菜，如小白菜、油菜、金针菇等，让营养更加全面均衡。

香拌豆皮丝

材料

豆皮400克,红辣椒丝5克,葱10克,红油10毫升,熟白芝麻、盐、鸡精、食用油各5克。

制作方法

1. 豆皮洗净,切成细丝;葱洗净,切丝。

2. 锅中加水烧沸,下入豆皮丝焯水至熟后,捞出装盘。

3. 烧热油锅,下入红辣椒丝、葱丝、熟白芝麻炒香后,倒入豆皮中,与红油、盐、鸡精一起拌匀即可。

营 养 师 语

豆皮含有的大量卵磷脂,可防止血管硬化,预防心血管疾病,保护心脏;并含有多种矿物质,可补充钙质,防止因缺钙引起的骨质疏松,促进骨骼发育,对小儿、老人的骨骼生长极为有利。

温 馨 提 示

豆皮丝烫好后要自然放凉,不能用凉水过凉,否则水分过多会影响凉拌后的味道和口感。

41

子姜拌竹笋

材料

竹笋 300 克，子姜 50 克，盐 5 克，花椒粉 2 克，酱油 3 毫升，香菜末 5 克，葱末 5 克，红油 20 毫升，白糖 5 克，醋适量。

制作方法

1. 将笋切条状备用；锅内烧水，舀白糖 2 克入锅搅匀。

2. 大火将水煮开锅后，把切好的笋条倒入锅中氽煮至断生，捞出迅速过凉开水后控干水备用；子姜切细丝备用。

3. 将控水后的竹笋放入大容器中调味，依次添加子姜丝、盐、白糖、醋、红油拌匀，拌匀装盘即可。

营养师语

竹笋富含人体所需的多种氨基酸和微量元素，有助于增强机体的免疫功能，提高防病、抗病能力。竹笋还具有低脂肪、低糖、多纤维的特点。

温馨提示

竹笋不能生吃，单独烹调时有苦涩味，味道不好。

Part 3 热菜为王

宴客菜中的主菜如何科学搭配

无论哪种形式的宴会，热菜都是宴客菜中最重要的部分，它的成败往往决定着宴席的成败，是宴客的重头戏之一。

热菜一般由热炒、大菜组成，它们属于食品的"躯干"，将宴席逐步推向高潮。热炒一般排在冷菜后，起承上启下的过渡作用。菜肴选料多用鱼、禽、畜、蛋、果蔬等质脆嫩原料。烹调特点是旺火热油、兑汁调味、成品脆美爽口。烹调方法有炸、熘、爆、炒等快速烹法。

大菜又称"主菜"，是宴席中的主要菜品，通常由头菜、热荤大菜（山珍、海味、肉、蛋、水果等）组成。大菜原料多为山珍海味和其他原料的精华部位，一般是用整件或大件拼装，置于大型餐具之中，菜式丰满、大方。烹调方法主要用烧、扒、炖、焖、烤、烩等长时间加热的菜肴。

既然是家常宴客招牌菜，除了要注重菜品的美味之外，又因是主人亲自拟定菜单、亲自下厨，我们更应在每一道菜的组合上下点心思，使主菜更符合膳食的要求，做到多样性，花样多、品种齐，营养互补，使宾客们吃得开心、吃得健康。若想使主食的搭配更加合理、科学，我们给您的建议如下，以便主人在拟定菜单时有所参考：

荤素搭配。荤素搭配不只是口味的互补，在荤素结构上的互补性则具有更重要的意义。如青菜炒肉丝、鲜笋冬瓜球、土豆炖鸡块等。荤素搭配是重要的原则，也是搭配的关键。

质地搭配。主料和配料的质地有软、脆、嫩、韧。软配韧，如蒜苗炒鱿鱼；嫩配嫩，如菜心炒鸡片。

色泽搭配。主料与配料的色泽搭配主要有顺色搭配和异色搭配两种。顺色搭配多采用白色，如醋熘三白、茭白炒肉片等。异色搭配差异大，如木耳炒肉片。色泽协调会激起人的食欲，反之，如搭配不协调，反而会影响人的胃口。

"多渣"掺"少渣"。荤菜不含膳食纤维，而畜禽水产等也都是精细的"少渣食品"，吃多了会造成便秘。粪便等毒废物在肠道内滞留的时间过长，会增加肠黏膜对毒素的吸收，这样就容易诱发结肠癌。而粗纤维食物则属于"多渣食品"，多吃这类食物能消除"少渣食品"对人体造成的危害。含粗纤维较多的食物主要有小米、玉米、麦片、花生、水果、卷心菜、萝卜等。

CHUROU
畜肉

蒜泥白肉

材料

猪坐臀肉 500 克，蒜 4 克，酱油 4 毫升，食用油 10 毫升，盐 3 克，冷汤 100 毫升，香料 2 克，红糖、鸡精各 5 克。

制作方法

1. 猪肉入汤锅煮熟，再用原汤浸泡至温热，捞出，切薄片装盘。

2. 蒜捣成蒜蓉，加盐、冷汤调成稀糊状的蒜泥。

3. 将酱油加红糖、香料在小火上熬制成浓稠状，再加鸡精即成复制酱油。

4. 将蒜泥、复制酱油、食用油兑成味汁淋在肉片上即成。

营 养 师 语

　　猪肉性平味甘，有润肠胃、生津液、补肾气、解热毒的功效，主治热病伤津、消渴羸瘦、肾虚体弱、产后血虚、燥咳、便秘、补虚、滋阴、润燥、滋肝阴、润肌肤、利小便和止消渴。

温馨提示　　煮肉时不可过烂，八成熟为宜；肉片切得越薄越好。

鱼香肉丝

材料

猪里脊肉 300 克，红椒 40 克，水发木耳 50 克，盐、葱、姜、蒜各 5 克，食用油 8 毫升，料酒 4 毫升，水淀粉 25 毫升，蚝油、生抽、醋各 5 毫升，糖、豆瓣酱各 6 克。

制作方法

1. 将里脊肉切成丝，加入适量盐、料酒、淀粉腌制 15 分钟；水发木耳、红椒分别切丝；葱、姜、蒜均切末。

2. 将蚝油、生抽、醋、糖、豆瓣酱一同放入碗中，调匀，制成调味汁。

3. 炒锅置火上，加油烧热，加入葱、姜、蒜爆香，放入肉丝翻炒，炒至肉丝七成熟时，加入调味汁，炒匀。

4. 放入红椒、木耳，加盐、适量清水翻炒，用水淀粉勾芡即可。

营养师语

猪肉为人类提供优质蛋白质和必需的脂肪酸。猪肉还可提供血红素（有机铁）和促进铁吸收的半胱氨酸，能改善缺铁性贫血。

温馨提示

切肉丝时，刀工要严谨，粗细、长短要适宜，不可连刀。

毛氏红烧肉

材料

带皮猪五花肉850克，上海青500克，料酒8毫升，腐乳7克，盐、糖各5克，鸡精2克，酱油4毫升，大料、桂皮、干红椒粉、蒜各4克，食用油10毫升，鸡汤150毫升，鸡油5毫升。

营 师 语

上海青为低脂肪蔬菜，且含有膳食纤维，能与胆酸盐和食物中的胆固醇及甘油三酯结合，并从粪便排出，从而减少脂类的吸收，故可用来降血脂。

制作方法

1. 猪五花肉烙皮，洗刮干净，入沸水中煮至断生，捞出，切成均匀的方块；蒜洗净，切块。

2. 锅内放少许食用油，放入肉块、料酒、盐、鸡精、酱油、糖、大料、桂皮、干红椒粉、蒜、腐乳，干烧后加鸡汤煨至肉烂浓香。

3. 上海青用鸡油炒熟放底，将红烧肉整齐摆放正中，将少许汁浇在肉块上即可。

温馨提示

煨肉的火候不要太大，以前小后大的火候为宜。

腊味合蒸

材料

腊鸡、腊鸭、腊肉各 150 克，西兰花 100 克，食用油 10 毫升，辣椒油、生抽、白醋、香油各 5 毫升，红椒、葱各 5 克，盐 4 克。

制作方法

1. 腊鸡、腊鸭、腊肉均用温水泡洗干净，腊鸡、腊鸭均切小块，腊肉切片；西兰花洗净，掰成小朵；红椒洗净，切碎；葱洗净，切葱花。

2. 将腊鸡、腊鸭摆入盘中，再覆盖上腊肉，放上红椒，淋入辣椒油、生抽、白醋、香油，放入锅中蒸约 20 分钟后取出，撒上葱花。

3. 将西兰花放入加盐的沸水锅中，焯水后捞出，摆在腊味旁即可。

营养师语

腊肉是选用新鲜的带皮五花肉，分割成块，用盐和少量亚硝酸钠或硝酸钠、黑胡椒、丁香、香叶、茴香等香料腌渍，再经风干或熏制而成，具有开胃祛寒、消食等功效。

温馨提示

腊鱼、腊肉等一般有较重的咸味，故可不再放盐，只需准备西兰花所需的盐。

回锅肉

材料

猪肉 500 克，豆腐干 200 克，葱段、蒜、姜各 4 克，干红椒、花椒各 2 克，红辣椒、青蒜、豆瓣酱、甜面酱各 15 克，食用油 10 毫升，酱油 4 毫升，糖 5 克，盐 6 克，鸡精 3 克。

制作方法

1. 锅内倒入清水煮沸，放入拍散的姜和蒜、葱段、花椒熬出味道，然后放入猪肉，煮至六成熟，捞出切片；青蒜洗净，斜切成菱形；红辣椒、干红椒洗净，切段；豆腐干洗净，切块。

2. 净锅倒入少许食用油，烧热后用锅铲使油遍布锅壁，然后弃之不用，重新放食用油，烧至四成热，放入肉片爆炒，至肉片打卷后，倒入豆瓣酱和甜面酱，然后将酱和肉片混合翻炒几下，

调少许酱油上色，再调入少许糖增味。

3. 放入豆腐干、辣椒和青蒜炒至断生，调入少许盐和鸡精，翻炒几下即可。

营师语

葱富含维生素 C，有舒张小血管、促进血液循环的作用。

温馨提示

清水煮肉，难出肉香，因此，水开后，先放入姜（拍破）、葱段、蒜、花椒吊汤，待汤气香浓，再放入洗净的猪肉，煮至六成熟捞出，不能煮得太软。

夫妻肺片

材料

牛肉、牛杂各 300 克，芝麻 35 克，辣椒油、酱油各 50 毫升，花椒粉 5 克，大料 10 克，鸡精 3 克，花椒 4 克，肉桂 15 克，盐 6 克，料酒 5 毫升，老卤水 200 毫升。

制作方法

1. 将牛肉、牛杂洗净，牛肉切成大块，与牛杂一起放入锅内，加入清水，用大火煮沸，并不断撇去浮沫，见肉呈白红色，滗去汤水，牛肉、牛杂仍放锅内，倒入老卤水，放入香料包（将花椒、肉桂、大料用布包扎好）、料酒和盐，再加清水，大火煮沸约 30 分钟后，改用小火继续烧 1.5 小时，煮至牛肉、牛杂为酥而不烂，捞出晾凉。

2. 卤汁用大火煮沸，约 10 分钟后，取碗一只，舀入卤水 200 毫升，加入鸡精、辣椒油、酱油、花椒粉调成味汁。

3. 将晾凉的牛肉、牛杂分别切成均匀的片，混合在一起摆入盘中，淋入卤汁拌匀，撒上芝麻即可。

营养师语

牛肚含蛋白质、脂肪、钙、磷、铁、硫胺素、核黄素、烟酸等，具有补虚、益脾胃的作用。

温馨提示　牛杂之类的动物内脏应少吃，一星期不宜超过 2 次。

老干妈爆排骨

材料

排骨 350 克，盐 4 克，鸡精、胡椒粉各 2 克，食用油 10 毫升，料酒 4 毫升，老干妈豆豉酱 8 克，香油 5 毫升，葱段、姜片各 5 克，青椒、红椒各 10 克。

制作方法

1. 排骨洗净，剁成块，入沸水锅中汆水后捞出；青椒、红椒均洗净，对切。

2. 将排骨放入碗中，加入料酒、葱段、姜片，入锅蒸约 20 分钟后取出，去除葱段和姜片。

3. 锅内入食用油烧热，入青椒、红椒稍炒后，再入老干妈豆豉酱炒出香味，加入排骨翻炒 3 分钟。

4. 调入盐、鸡精、胡椒粉炒匀，淋入香油，起锅盛入盘中即可。

营养师语

排骨除含蛋白质、脂肪、维生素外，还含有大量磷酸钙、骨胶原、骨粘连蛋白等，能促进骨骼生长发育。

温馨提示

要选肥瘦相间的排骨，不能选全部是瘦肉的，否则肉中没有油，蒸出来的排骨会比较清淡寡味。

冬菜扣肉

材料

五花肉 250 克，冬菜 100 克，泡椒 25 克，食用油 10 毫升，酱油 5 毫升，盐、豆豉、姜、蒜各 5 克。

制作方法 ●○

1. 猪肉用清水煮熟，捞出用净布擦去肉皮上的油和水，抹上酱油；冬菜洗净切粒状，泡椒切短节，姜、蒜切片。

2. 炒锅烧热，注少许食用油，油将沸时把肉皮向下放入，炸至焦黄色为度，晾凉后把肉切成薄片。

3. 皮向下把肉按鱼鳞状排列摆在碗底，浇料酒、酱油，加入盐，再放入适量豆豉和 2～3 节泡椒及冬菜，上屉蒸 1 小时至熟，取出翻扣于盘中。

营师语 ●○

冬菜营养丰富，含有多种维生素，有开胃健脑等功效。

温馨提示

肥瘦相间的五花肉，带皮炒，可利用猪皮融化的胶质，增加菜品黏稠香浓的口感，比勾芡的效果好。

宫保肉丁

材料

猪瘦肉 200 克，花生米 150 克，酱油、料酒、醋各 4 毫升，糖 6 克，红椒 8 克，花椒、辣椒粉、盐、葱、姜、蒜各 5 克，鸡精 2 克，淀粉 4 克，鸡蛋 1 个，食用油 10 毫升。

制作方法

1. 将肉切成方丁，放入酱油、料酒、淀粉、鸡蛋抓匀；将红椒切碎；花生米用中火炒至脆香；将葱、姜、蒜、酱油、料酒、醋、盐、鸡精、糖、淀粉放入碗中，调成汁。

2. 炒锅上火，放入油，将花椒、红椒煸炒片刻后，加入肉丁一同煸炒。

3. 再加入辣椒粉一起炒，炒出红油，待肉熟后，将汁倒入，翻炒均匀，随即放入花生米，炒匀后即可装盘。

营养师语

醋可以开胃，促进唾液和胃液的分泌，帮助消化吸收，使食欲旺盛，消食化积；醋有很好的抑菌和杀菌作用，能有效预防肠道疾病、流行性感冒和呼吸疾病。

温馨提示　猪肉不易炒熟，炒的时候可以多加些油，用半炸的方式使其成熟。具体做法是炒制过程中加入少许水，盖锅盖焖一下，这样会加速成熟而且口感不柴。

蚂蚁上树

材料

粉丝 350 克，瘦肉 100 克，食用油 20 毫升，酱油、料酒各 4 毫升，豆瓣酱 15 克，葱 4 克，香油 5 毫升，糖、盐各 3 克，鸡精 2 克。

制作方法

1. 用温水将粉丝泡软洗净；瘦肉洗净剁成肉末；葱洗净切碎。

2. 锅内放油，烧热后加入肉末，放入豆瓣酱炒干肉末，再加入粉丝炒匀。

3. 调入料酒、酱油、糖、香油、盐和鸡精炒匀，撒上葱花即可。

营师语

粉丝的营养成分主要是碳水化合物、膳食纤维、蛋白质、烟酸和钙、镁、铁、钾、磷、钠等矿物质。粉丝有良好的附味性，能吸收各种鲜美汤料的味道。

温馨提示

此菜要速炒，时间长了粉丝容易粘连，影响菜肴口感。

麻婆豆腐

材料

嫩豆腐 500 克，牛肉末 150 克，豆瓣酱 20 克，酱油 4 毫升，盐、糖各 5 克，料酒 5 毫升，花椒粉、鸡精各 2 克，食用油 20 毫升，淀粉 6 克，辣椒粉、干红椒、姜末各 3 克。

制作方法

1. 嫩豆腐、干红椒均切丁；将淀粉倒入适量水，做成水淀粉。

2. 煮沸半锅水，加盐，将豆腐丁入沸水焯 30 秒，捞起沥水；取一空碗，加入豆瓣酱、辣椒粉、花椒粉、盐、酱油、鸡精、料酒拌匀，做成麻辣酱汁。

3. 锅内放食用油烧热，以小火炒香姜末和干红椒，倒入牛肉末炒散至肉变色，再倒入麻辣酱汁，与牛肉末一同拌炒均匀，煮至沸腾。

4. 倒入嫩豆腐丁轻轻拌匀，用水淀粉勾芡，撒上花椒粉，即可上盘。

营养师语

豆腐营养丰富，有"植物肉"之称。其蛋白质可消化率在 90% 以上，比豆浆以外其他豆制品高，故受到普遍欢迎。

温馨提示

麻婆豆腐起锅前，要用水淀粉勾芡，使汤汁呈浓稠状，麻辣味更浓。

东坡肘子

材料

猪肘 750 克，雪豆 100 克，葱段、盐各 8 克，料酒 5 毫升，姜 5 克。

营养师语

此菜可防止血管硬化，预防心血管疾病，保护心脏，补充钙，防止因缺钙引起的骨质疏松，促进骨骼发育。

制作方法

1. 猪肘刮洗干净，顺骨缝划一刀，放入汤锅煮透，捞出剔去肘骨，放入沙锅内。

2. 沙锅内下入煮肉原汤，放葱段、姜、料酒，大火煮沸。

3. 雪豆洗净，下入开沸的沙锅中盖严，移小火上煨炖，直至用筷子轻轻一戳肉皮即烂为止。食用时放盐，连汤带豆舀入碗中上席，蘸以酱油味汁食之。

温馨提示

下煮肉原汤的时候要一次加足，中途加汤会影响成菜风味。

南瓜茄子焖五花肉

材料

五花肉 250 克，南瓜 250 克，茄子 200 克，葱 5 克，香菜 5 克，十三香 10 克，糖 10 克，郫县豆瓣酱 20 克，盐 5 克，鸡精 5 克，食用油 15 毫升。

制作方法

1. 南瓜去皮洗净，切块；茄子洗净，切块；五花肉洗净切块或切片；葱切末，香菜切碎。

2. 炒锅置火上，加油烧热，油热后加十三香、糖和豆瓣酱炒香，放入五花肉翻炒至变色。

3. 放入南瓜块和茄子块，放少许盐，炒至软，加开水，盖盖子炖，这时候要小火慢炖，南瓜酥软即化的时候开中火，放鸡精和盐，撒上葱末和香菜，出锅。

营 养师语

　　茄子含有维生素 A、维生素 B_1、维生素 B_2、维生素 C 和脂肪、蛋白质等，更重要的是含有丰富的维生素 P，对增强人体细胞间的黏着力、降低胆固醇、保持微细管的坚韧性等有可观的作用。

温馨提示

　　在放入南瓜和茄子之后，加入少许盐能使菜出汤。

粉蒸排骨

材料

排骨 500 克，莲藕 250 克，五香米粉 250 克，葱 5 克，姜 5 克，糖 10 克，盐 3 克，料酒 10 毫升，酱油 15 毫升。

制作方法

1. 葱洗净切长段，姜洗净切片；排骨切小块，用酱油、料酒、糖、葱、姜和五香米粉拌匀，腌至入味。

2. 藕段洗净，刮去老皮，竖剖为二，再横切成与排骨大小相似的片，用盐腌 30 分钟。

3. 将排骨、藕片放在碗里，倒入五香米粉搅拌，使排骨、藕片都裹上一层米粉，然后将排骨、藕片交错分层码在大碗内，剩余的米粉也全部拌入，放入蒸锅蒸至熟即可。

营养师语

藕含有淀粉、蛋白质、天门冬素、维生素 C 以及氧化酶成分，含糖量也很高，生吃鲜藕能清热解烦，解渴止呕；如将鲜藕压榨取汁，其功效更甚；煮熟的藕性味甘温，能健脾开胃、益血补心，故主补五脏，有消食、止渴、生肌的功效。

温馨提示

蒸排骨前，在米粉上洒少量水，可使米粉柔软，蒸出来后口味会更好。

干煸肥肠

材料

猪大肠 500 克, 青椒 60 克, 干辣椒 20 克, 葱 10 克, 白芝麻 5 克, 花椒粉 5 克, 盐 5 克, 料酒 10 毫升, 白醋 5 毫升, 老抽 10 毫升, 辣椒油 5 毫升。

制作方法

1. 猪大肠洗净, 放入加有料酒的沸水锅中煮至八成熟时捞出, 切段; 干辣椒洗净, 切段; 葱洗净, 取葱白切段; 青椒洗净切斜片。

2. 锅内加油烧热, 放入猪大肠煸炒至出油时盛出。

3. 再热油锅, 放入干辣椒、葱白爆香后, 倒入猪大肠翻炒均匀, 调入盐、花椒粉、白醋、老抽、辣椒油炒匀, 起锅盛入盘中即可。

营养师语

猪大肠性寒, 味甘, 有润肠、去下焦风热、止小便数的作用。古代医家常用其治疗痔疮、大便出血或血痢。

温馨提示 一般情况下, 猪大肠要先煮至八分熟后再干煸, 否则, 煸出来的肥肠很绵、咬不动。

菠萝咕噜肉

材料

猪瘦肉300克,菠萝300克,青椒25克,红椒25克,鸡蛋1个,干辣椒10克,山楂片20克,葱5克,蒜10克,番茄酱30克,胡椒粉10克,淀粉20克,糖15克,盐5克,味精2克,料酒15毫升,白醋10毫升,食用油15毫升。

制作方法

1. 将猪瘦肉切成厚片,放入盐、味精、鸡蛋、淀粉、料酒拌匀腌渍入味;将青椒、红椒、菠萝切成三角块;葱切段,蒜剁成蒜蓉。

2. 将鸡蛋磕到碗中,与淀粉拌匀调成糊,放入肉片;将白醋、番茄酱、糖、盐、山楂片、胡椒粉调成味汁。

3. 肉片入热油锅内炸熟捞出。

4. 锅中留底油,将葱段、蒜蓉、干辣椒爆香,再放入青椒、红椒、菠萝炒熟,用调好的汁勾芡,放入肉片翻炒即可。

营 养 师 语

菠萝含有一种叫菠萝朊酶的物质,它能分解蛋白质,改善局部的血液循环,消除炎症和水肿。

温馨提示

用菠萝做菜时先把菠萝去皮切成片,然后放在淡盐水里浸泡30分钟,再用凉开水浸洗,去掉咸味后再烹饪。

香爆牛肉

材料

牛后腿肉 1000 克，干辣椒 25 克，花椒 10 克，葱 20 克，姜 5 克，胡椒粉 10 克，盐 5 克，味精 3 克，料酒 20 毫升，食用油 30 毫升，香油 10 毫升。

制作方法

1. 葱切段，姜切丝备用。

2. 牛肉切成薄片，盛入盘内，加入盐、味精、胡椒粉、葱、姜、料酒拌匀，腌约 2 小时。

3. 炒锅置于火上，大火烧热，倒入食用油，烧至七成热，放入牛肉片，炸透，捞出。

4. 炒锅置火上，将花椒放入炸香捞出，再将干辣椒炸至变色，倒入牛肉一齐煸炒，待牛肉变成紫黑色时，淋入香油拌匀即可。

营养师语

　　中医认为花椒性温，有温中散寒、除湿止痛、杀虫的作用。春季适度食用花椒，有助于人体阳气的生发。花椒中的挥发油可提高体内巨噬细胞的吞噬活性，进而可增强机体的免疫能力。

温馨提示

　　牛肉炒透但不能炸焦，花椒、干辣椒炸至变色即可。

灯影牛肉

材料

黄牛后腿腱子肉500克,姜30克,盐8克,味精2克,糖25克,五香粉15克,花椒粉15克,辣椒粉25克,料酒100毫升,食用油15毫升,香油10毫升。

制作方法

1. 牛肉不沾生水,去除筋膜,切去边角,片成大薄片,然后放在案板上铺平面理直,均匀地撒上炒干水分的盐,裹成圆筒形,晾至牛肉呈鲜红色(夏天费时14小时左右,冬天4天左右);姜切片备用。

2. 将晾干的牛肉片放在烘炉内,平铺在钢丝架上,用木炭火烘约15分钟,至牛肉片干结,上笼蒸约30分钟取出,切成小片,再上笼蒸约1.5小时取出。

3. 炒锅加油烧至七成热,放姜片炸出香味捞出,待油温降至三成热时,将锅移置小火上,放入牛肉片慢慢炸透,滗去约三分之一的油,烹入料酒拌匀,再加辣椒粉和花椒粉、糖、味精、五香粉,颠翻均匀,起锅晾凉,淋上香油即可。

营养师语

牛肉含有的肌氨酸含量比其他任何食品都高,这使它对增长肌肉、增强力量特别有效。此菜品色泽红亮、麻辣干香、片薄透明,味鲜适口,回味甘美,是佐酒佳肴。

温馨提示

做菜品需选用上等精瘦牛肉,加工时需将筋膜剔除干净并切成薄片,油炸时也要掌握好温度,否则,烹制出来的灯影牛肉缺乏酥脆感,入口不化渣。

清蒸排骨

材料

排骨 800 克，熟火腿、水发玉兰片各 30 克，香菇 20 克，高汤 50 毫升，料酒 10 毫升，盐、姜丝各 10 克，葱丝 5 克。

制作方法

1. 将排骨剁成段，用开水烫一下，洗净；火腿、玉兰片均切成小片待用；香菇泡开后切成块待用。

2. 将排骨放入浅盘内，再放上火腿片、玉兰片、香菇块、葱丝、姜丝、味精、料酒、盐、高汤拌匀。

3. 于蒸锅内注入适量水，把浅盘放入蒸格中，调整好时间，开启开关即可。

养 师 语

营　　排骨提供人体生理活动必需的优质蛋白质、脂肪，尤其是丰富的钙质可维护骨骼健康。一般人群均可食用，适宜于气血不足、阴虚、食欲缺乏者；湿热痰滞内蕴者慎服；肥胖、血脂较高者不宜多食。

温馨提示

排骨要洗净，烫时要凉水下锅，这样污物容易出来。

豉汁蒸排骨

材料

排骨 500 克，豆豉 150 克，红豆瓣 15 克，料酒 10 毫升，生抽 10 毫升，香油 5 毫升，冰糖 5 克，甜酱 12 克，大蒜、姜各 10 克，大葱 5 克，食用油 5 毫升，盐、味精各 3 克，干生粉 10 克。

制作方法

1. 排骨洗净，斩成段；豆瓣和豆豉分别剁细；蒜、姜切碎；葱切花。

2. 排骨加豆瓣、豆豉、甜酱、姜、蒜、冰糖、料酒、生抽、盐、味精、干生粉、油拌匀，装入盘中，铺平。

3. 于蒸锅内注入适量水，把盘子放入蒸格中，调好时间，开启开关。

4. 出锅后撒上葱花，淋上香油即可。

营师语

豆豉中含有多种营养素，可以改善胃肠道菌群，常吃豆豉还可帮助消化、延缓衰老、增强脑力、降低血压、消除疲劳、减轻病痛和提高肝脏解毒（包括酒精毒）功能。

温馨提示

排骨要选择带脆嫩的小排，这部分很鲜嫩，也带有一些油脂，蒸出来很滑；另外豆豉和生抽都很咸，放盐的时候要注意量的把握。

咸鱼蒸猪肉

材料

五花肉 500 克，咸鱼 200 克，姜 15 克，糖 5 克，盐 3 克，食用油 5 毫升，生抽 10 毫升。

制作方法

1. 五花肉、咸鱼洗净，五花肉切薄片，咸鱼切成小块，姜切丝。

2. 五花肉用生抽、盐、食用油、糖腌好，摆入盘中。

3. 把咸鱼块放到五花肉上面，再铺上姜丝，放入电蒸锅中蒸 30 分钟即可。

营养师语

　　咸鱼含碳水化合物，碳水化合物能迅速为身体提供能量。一般人群均可食用，但不能长期食用。

温馨提示　　咸鱼出现红斑点是"发红"或称"赤变"现象，此时鱼体已变质，建议不要食用。

酱椒蒸猪手

材料

猪手 600 克，酱椒 30 克，野山椒 15 克，酱油 10 毫升，老陈醋 8 毫升，蚝油 5 毫升，料酒 10 毫升，色拉油 10 毫升，味精 3 克，蒜末、姜末各 15 克，葱花 5 克，蒸鱼豉油 15 毫升。

制作方法

1. 猪手剁块，冲净血水后入清水中浸泡 3 小时，捞出控干水分；酱椒用水冲漂去咸味，捞出控水剁碎；野山椒同样剁碎。

2. 锅内放入色拉油，烧至七成热时放入姜末、蒜末小火煸香，再放入酱椒末、野山椒末、蒸鱼豉油、老陈醋、味精、蚝油、料酒调匀做成酱汁，出锅备用。

3. 将猪手放入盘中，加入炒好的酱汁，放入电蒸锅，蒸 60 分钟即可。

营养师语

猪手中的胶原蛋白在烹调过程中可转化成明胶，它能结合许多水，从而有效改善机体生理功能和皮肤组织细胞的储水功能。

温馨提示

猪手在浸泡时，最好加些白醋，这样可以起到漂白的作用。

66

荷香蒸腊肉

材料

腊肉 150 克，荷叶 1 张，姜 10 克，葱 5 克，食用油 10 毫升，香油 5 毫升。

制作方法

1. 腊肉洗净、切片；荷叶洗净、摆入碟内；把腊肉摆在荷叶上；姜切末；葱切花。
2. 把蒸碟放入电蒸锅中，蒸 20 分钟左右，取出。
3. 撒上姜末、葱花，烧开油，淋在原料上即可。

营养师语

腊肉中磷、钾、钠的含量丰富，还含有脂肪、蛋白质、碳水化合物等。有胃寒疼痛或体虚气弱之人忌食荷叶。

温馨提示

质量好的腊肉，皮色金黄有光泽，瘦肉红润，肥肉淡黄，有腊制品的特殊香味。

酱香大排

材料

猪排骨 300 克，姜 5 克，葱 10 克，料酒 15 毫升，白糖 25 克，甜面酱 20 克，辣椒粉 10 克，花椒粉 5 克，盐 5 克，味精 3 克，醋 10 毫升，清水 50 毫升，红油 20 毫升，卤水 1000 毫升，香菜 5 克，食用油 15 毫升。

制作方法

1. 排骨洗净，斩成长段；姜洗净，切片；葱洗净，切段。

2. 将排骨放入碗中，加盐、姜片、葱段和料酒，腌制 20 分钟，再放入卤水中，卤至软、熟捞出，沥干。

3. 锅置火上，放食用油烧制八成热，放入排骨，炸至外酥里嫩，捞出，沥干油分。

4. 另用煮锅，放入清水、食用油、糖熬至浓稠，放甜面酱、辣椒粉、花椒粉、盐、味精、醋、

红油，慢煮收汁，再放入排骨翻炒均匀，上盘，撒香菜即可。

营养师语

中医讲究冬吃萝卜夏吃姜，姜在炎热时节有兴奋、排汗降温、提神等作用，可缓解疲劳、乏力、厌食、失眠、腹胀、腹痛等症状，生姜还有健胃增进食欲的作用。

温馨提示

挑选排骨时应以肋骨为最佳选择，切出来一块块的小排才好。肉要新鲜的，闻闻就可分辨出，一般较新鲜的肉没异味，外观也较好，肉质较鲜嫩、红润的感觉。

干锅辣鸭头

鸭头 1000 克，天目笋、香菇各 80 克，西芹节 40 克，青椒、红椒条各 15 克，洋葱条 25 克，黄豆芽 75 克，豆腐乳 8 克，干锅老油、酱油各 5 毫升，料油、花椒油、料酒各 5 毫升，麻酱、葱段、姜片、蒜蓉各 5 克，卤水 500 毫升，高汤 50 毫升。

制作方法

1. 天目笋、香菇分别用高汤煨至入味，黄豆芽焯水待用。

2. 将鸭头焯水后，放入特制卤水中卤至八成熟，捞出后用刀一分为二，入热油中浸炸 3 秒钟。

3. 锅上火，注入干锅老油、料油烧热，用葱段、姜片、蒜蓉爆香，放入天目笋、香菇、西芹节、青椒、红椒条、豆腐乳炒制，倒入干锅中垫底，加入鸭头、高汤稍焖，淋酱油、花椒油、麻酱、料酒即可。

营 养 师 语

天目笋中含有丰富的膳食纤维，能促进肠道蠕动，促进消化，防止便秘。

温馨提示

鸭头里面的鸭舌下面一般会藏匿着食物残渣及少量细沙，应仔细清洗干净。

白果烧鸡

材料

仔母鸡500克，白果100克，生抽25毫升，老抽10毫升，姜片15克，盐4克，胡椒粉1克，食用油10毫升，鸡汤100毫升，料酒5毫升。

制作方法

1. 将鸡洗净，切块，以盐、胡椒粉和少许生抽调味备用。

2. 将白果壳敲开，连壳入开水锅中，略焯后取出，剥去壳洗净。

3. 开锅下油，放入姜片爆香，下鸡块大火翻炒片刻，放料酒，加鸡汤、白果和生抽，用中火焖煮15分钟，最后下老抽、盐，调味收汁即可。

营养师语

白果含有人体必需的氨基酸，是合成胶原蛋白的主料，胶原蛋白能使皮肤光泽、富有弹性。

温馨提示

必须使用肥壮的仔母鸡，先用旺火将鸡烧酥、汤烧浓，再用中火焖煮，这样鸡更酥、汤更浓，味才佳。

竹笋烧鸭

材料

鸭子 600 克，竹笋 250 克，姜片、蒜各 4 克，葱花、大料、桂皮各 5 克，干红椒、花椒、鸡精各 2 克，老抽、料酒、食用油各 4 毫升，冰糖、盐各 6 克。

制作方法

1. 将鸭子脂肪较多的皮剔下来切成块，鸭肉斩块；干红椒剪两截；蒜拍碎去皮；竹笋放清水中浸泡 15 分钟，捞出切滚刀块，放沸水中煮 5 分钟后捞出沥干。

2. 净锅置火上，下鸭皮煎出油分，再放大料、桂皮、花椒、姜片、蒜，用小火炒香，下鸭肉，转大火爆炒，将鸭肉中的水分炒干，炒至鸭肉出油，下料酒炒匀，再放入干红椒、冰糖、盐、老抽，炒匀至鸭肉上色。

3. 放入竹笋，加入开水，小火煮约 20 分钟，下入少许鸡精与葱花炒匀即可。

营养师语

由于竹笋富含烟酸、纤维素等，能促进肠道蠕动，降低肠内压力，帮助消化、消除积食、防止便秘，故有一定的预防消化道肿瘤的功效。

温馨提示

鸭肉内的水分要炒干，再炒至出油，以免有腥味。

血浆鸭

材料

鸭 1000 克，葱、胡椒粉、干红辣椒、鸡精各 3 克，蒜、姜、盐各 5 克，食用油 6 毫升，香油、料酒、酱油各 4 毫升，鲜汤 100 毫升。

制作方法

1. 碗内装入料酒，把鸭宰杀，让鸭血流入碗内，搅匀，再将鸭子浸在沸水内烫一下，随即煺毛剖腹，挖出内脏，切成块。

2. 生姜洗净，切成薄片；葱去根须，洗净，切小段；干红辣椒斜切成长条；蒜瓣一切两半，一并放入净碗内。

3. 炒锅放油，烧至七成热，加姜、葱、蒜、干红辣椒倒入炒出香味，再倒入鸭块翻炒，至收缩变白，加料酒、酱油、盐再炒，然后加鲜汤，换小火焖 10 分钟。

4. 汤剩 1/10 时，淋鸭血，边淋边炒，使鸭块粘满鸭血，加胡椒粉、鸡精，略炒起锅，盛入盘中，淋上香油即可。

营 师 语 养

鸭肉的营养价值与鸡肉相仿。但在中医看来，鸭子吃的食物多为水生物，故其肉性味甘、寒，入肺胃肾经，有滋补、养胃、补肾、除痨热骨蒸、消水肿、止热痢、止咳化痰等作用。

温馨提示　宰杀鸭子时刀不要离开血管，以使鸭血顺刀流入碗里。

左宗棠鸡

材料

鸡腿 600 克，红椒、青椒各 15 克，鸡蛋清 40 毫升，鸡精 2 克，食用油 8 毫升，淀粉、蒜末、姜末各 5 克，酱油、醋、香油各 5 毫升。

制作方法

1. 鸡腿去骨后摊开，切浅斜刀纹后，再切成块状，加蛋清、酱油拌匀；辣椒切段；蒜、姜切末。

2. 将油烧热，放进鸡块炸熟，捞出沥干。

3. 锅中留油，放辣椒炒至呈褐色，再放鸡丁，加鸡精、酱油、醋、蒜末、姜末拌炒均匀，最后用水淀粉勾芡，淋香油即可。

营养师语

　　鸡腿肉蛋白质的含量比例较高，而且消化率高，很容易被人体吸收利用，有增强体力、强壮身体的作用。

温馨提示

　　烧煮之前，也可考虑整只鸡腿用叉子插洞，如此较容易熟透，也比较容易使味道渗透。

宫保鸡丁

材料

鸡脯肉300克,炸花生米50克,青椒、红椒各25克,干红辣椒、鸡精、花椒各2克,食用油5毫升,醋、料酒、酱油各4毫升,糖、淀粉、葱、姜、盐、蒜各4克,肉汤50毫升。

制作方法

1. 鸡脯肉切成丁,用盐、酱油、淀粉、料酒腌制片刻;干红辣椒去籽切断;另取碗,放入盐、糖、酱油、醋、料酒、鸡精、肉汤、淀粉,兑成汁。

2. 炒锅置大火上,下油烧至六成热,放入干红辣椒,待炸成棕红色时,下花椒、鸡丁炒散,盛出。

3. 锅内留底油,放入青椒、红椒翻炒,再加入姜、蒜、葱炒出香味,烹入步骤1兑好的汁,放入鸡丁,加入炸花生米,颠翻几下,起锅装盘即成。

营养师语

鸡肉对营养不良、畏寒怕冷、乏力疲劳、月经不调、贫血、虚弱等症有很好的食疗作用。中医学认为,鸡肉有温中益气、补虚填精、健脾胃、活血脉、强筋骨的功效。

温馨提示

花生米一定要在菜起锅前下锅,以免长时间在锅内翻炒,影响花生米的酥脆感。

淡菜蒸鸭块

材料

小白菜 300 克,鸭肉 600 克,淡菜(干)50 克,料酒 5 毫升,盐 3 克,鸡精、胡椒粉各 2 克,葱、姜各 5 克。

制作方法

1. 淡菜用温水泡发后洗一遍,用剪刀剪去内毛和老肉,洗净泥沙,用清水泡上;葱白切段;余下葱和姜拍碎;小白菜洗净用开水汆过,用冷水过凉。

2. 鸭肉洗净,剁成方块,下入开水锅中煮过捞出,洗净血沫,摆入汤盘内,加淡菜、葱、姜、料酒、盐和适量的水,上笼蒸烂透。

3. 锅内入清水、小白菜和盐,煮沸汆过捞出,取出淡菜、鸭块,挑去葱、姜,加鸡精、胡椒粉、葱白、小白菜即可。

营师语

淡菜含有丰富的蛋白质、碘、钙和铁,且脂肪含量较少。淡菜中所含的微量元素锰、钴、碘等,对调节机体正常代谢、防治疾病等均有一定作用。

温馨提示

淡菜泡发方法:把洗干净的淡菜放入热水碗中,加盖闷约 2 小时即成。

辣子鸡

材料

鸡肉 400 克，干红椒 30 克，盐、淀粉、蒜、姜片、葱段各 5 克，花椒 2 克，料酒、老抽、生抽、食用油各 5 毫升。

制作方法

1. 将鸡洗净斩块，以盐、生抽、料酒和少许淀粉拌匀，腌制片刻；干红椒切碎。

2. 开锅下油，爆香蒜头、姜片、葱段、干红椒和花椒，下鸡块，大火翻炒至上色。

3. 加入老抽、生抽，继续翻炒片刻，调味即可。

营 养 师 语

鸡肉能温中补脾，益气养血，补肾益精，除心腹恶气。

温馨提示

炸鸡前往鸡肉里撒盐，一定要撒足，因为炒的时候再加盐，盐味进不了鸡肉，只能附着在鸡肉的表面，影响味道。

烤香酥鸡

材料

嫩母鸡1只（约1000克），香菜叶10克，黄瓜100克，盐4克，酱油、料酒、香油各5毫升，糖、葱、姜各5克，花椒、鸡精各2克，花椒粉3克。

制作方法

1. 嫩母鸡宰净，葱、姜拍碎，用葱、姜和花椒、料酒、盐、糖、酱油、鸡精将鸡腌3小时，其间用铁钎在腿、脯肉部分扎一些眼，使味渗透内部；香菜择洗干净；黄瓜洗净切薄片。

2. 将鸡取出皮朝上放入烤盘内，把腌鸡的汁倒在鸡身上，并一边烤，一边刷汁3次，至鸡全部烤熟呈枣红色。

3. 食用时，将烤鸡取出，鸡头剁劈开，翅膀砍成两段，脚去掉爪尖，鸡身去净骨头，然后连皮带肉斜片成大片，摆盘，淋香油，用黄瓜拼边，撒上香菜叶即可。

营养师语

香菜辛温，含有芫荽油，有祛风解毒、芳香健胃的作用，入肺、胃可解毒透疹、疏散风寒，促进人体周身血液循环。

温馨提示

烤制鸡肉时，向鸡身上刷汁每次都要仔细到位，这样烤出来的鸡才会酥香入味、成色均匀。

鸭掌包

材料

面粉500克,鲜酵母半块,去骨鸭掌300克,黄花菜、冬菇各50克,盐10克,鸡精3克,糖、姜末各5克,生抽、香油各8毫升,食用油30毫升。

制作方法

1. 将面粉加盐拌匀用开水冲搅,加盖闷5分钟,取出搓擦均匀,再加食用油15毫升揉匀成团待用。

2. 将去骨鸭掌用盐水洗净,切成细末待用;黄花菜、冬菇,用温水浸发洗净,切成细末,与各种调料拌匀,制成馅。

3. 将面粉团摘坯、制皮,包入馅,捏成筒状,上锅煎至金黄即可。

营养师语

鸭掌富含蛋白质,低糖,少有脂肪,为绝佳减肥食品。黄花菜有较好的健脑、抗衰老功效,是因其含有丰富的卵磷脂,这种物质是机体中许多细胞,特别是大脑细胞的组成成分,对增强和改善大脑功能有重要作用。

温馨提示

面粉加盐不仅能调味,还能增强面团筋力,使成品口感更筋道,加盐量的多少最好视个人口感喜好而定。

板栗烧鸡

材料

带骨鸡肉 500 克，板栗 120 克，料酒、酱油各 4 毫升，上汤 100 毫升，水淀粉 25 毫升，胡椒粉 2 克，香油 5 毫升，食用油 60 毫升。

制作方法

1. 将净鸡剔除粗骨，剁成方块；板栗洗净滤干；葱切成段；姜切成薄片。

2. 锅内放油，烧至六成热，放板栗肉炸成金黄色，倒入漏勺滤油。

3. 锅内放油，烧至八成热，放鸡块煸炒至水干，加料酒，放姜片、盐、酱油、上汤焖 3 分钟。

4. 取瓦钵 1 只，用竹箅子垫底，将炒锅里的鸡块连汤一齐倒入，放小火上煨至八成烂时，加板栗肉，继续煨至软烂，再倒入炒锅，放入鸡精、葱段，撒上胡椒粉，煮沸，用淀粉水勾芡，淋入香油即可。

营 养 师 语

板栗不仅含有大量淀粉，而且含有蛋白质、脂肪、B 族维生素等多种营养成分，素有"干果之王"的美称。

温馨提示　　新鲜板栗容易变质霉变，吃了发霉板栗会中毒，因此变质的板栗不能吃。

樟茶鸭

材料

肥鸭 1500 克，花茶、樟树叶、稻草、松柏枝、橙皮各 25 克，醪糟汁、料酒、玫瑰露酒各 20 毫升，盐 15 克，香油 10 毫升，花椒 5 克，胡椒粉 3 克，食用油 500 毫升。

制作方法

1. 将料酒、醪糟汁、胡椒粉、盐、花椒拌匀抹鸭身，腌 8 小时捞出。

2. 花茶、松柏枝、樟树叶拌匀做熏料。将鸭入沸水内烫一下紧皮，将表皮水分擦干，入熏炉内，熏至鸭皮呈黄色取出。

3. 鸭入大蒸碗内，上笼蒸 2 小时，出笼晾凉。锅内热油，下入熏蒸后的鸭炸至鸭皮酥香捞出，切块，刷上香油即可。

营 养师语

鸭肉中含有较为丰富的烟酸，它是构成人体内两种重要辅酶的成分之一，对心肌梗死等心脏疾病患者有保护作用。感冒伴有头痛、乏力、发热的人忌食鸭肉。

温馨提示

注意鸭子的表面和内侧都要抹到腌料；出笼晾的时间不宜过长。

大盘鸡

材料

光鸡 1 只，土豆 400 克，手工面条 100 克，青椒 20 克，干辣椒 10 克，花椒 5 克，大料 5 克，西红柿膏 8 克，蒜 5 克，姜 5 克，糖 8 克，盐 5 克，二汤 30 毫升，生抽 15 毫升，食用油 15 毫升。

制作方法

1. 将土豆去皮洗净，切块；蒜、姜切末；干辣椒、青椒切段。手工面条煮熟，装盘。

2. 将鸡宰好，洗净并斩块，以生抽、盐、糖拌匀，下锅爆香，捞起。

3. 锅内留底油，放入蒜末、姜末爆香，倒入鸡块，加二汤、干辣椒、花椒、大料、西红柿膏及土豆块，用中火焖熟至入味。

3. 放入青椒段，炒熟后盖在面条上即可食用。

养师语

营　　土豆是低热量、多维生素和微量元素的食物，是理想的减肥食品。土豆的含钾量也很高，常吃可降低中风的概率，同时，对辅助治疗消化不良、习惯性便秘、精神乏力等有良好效果，还可降糖降脂，美容抗衰老。

温馨提示　　买来的手工面条有的碱味很重，在面条快煮好的时候，加入几滴醋，可以消除面条的碱味，面条的颜色也会由黄变白。

干锅鸡翅

材料

鸡翅6个，葱20克，姜15克，蒜10克，干辣椒30克，花椒10克，盐5克，面粉10克，酱油15毫升，料酒10毫升，食用油40毫升。

制作方法

1. 葱切段，姜切片，蒜切片，干辣椒切段。

2. 鸡翅洗净并在表面划几刀，放料酒、酱油、盐、葱段、姜片腌30分钟，捞出葱段和姜片，然后撒上薄薄一层干面粉，抓匀。

3. 炒锅加热放食用油，待油烧至冒烟，放入鸡翅炸至表面有些金黄时，将鸡翅捞出待用。

4. 炒锅里留少许油，烧至五成热，放入干辣椒段、花椒、葱段、蒜片，爆出香味，立即倒入鸡翅，快速炒匀即可。

营养师语

鸡翅胶原蛋白含量丰富，对于保持皮肤光泽、增加皮肤弹性均有好处。

温馨提示　炸鸡翅时应多放些油，以基本淹没鸡翅为宜。

三杯鸡

材料

子鸡1只，葱5克，姜8克，酱油、食用油、米酒各1杯（80毫升左右），香油5毫升。

制作方法

1. 将子鸡洗净剁块连同鸡心、鸡肝全部装入沙锅内，用量杯量入酱油、食用油、米酒，放入切好的姜块、葱段，不放水。

2. 用小火炖，每隔10分钟左右翻动一次，以防烧焦。盖子不宜多开，约炖30分钟至汁收浓，拣去葱、姜，加香油上桌即可。

营师语

米酒含有多种维生素、葡萄糖、氨基酸等营养成分，饮后能开胃提神，并有活气养血、滋阴补肾的功效。

温馨提示　烹制时不用加汤水，仅用1杯米酒、1杯酱油和1杯食用油。

啤酒蒸鸭

材料

鸭800克，水发香菇30克，豌豆30克，葱15克，姜10克，香菜5克，盐5克，鸡精3克，胡椒粉8克，淀粉15克，啤酒100毫升，酱油8毫升，食用油10毫升，香油5毫升。

制作方法

1. 鸭洗净切块，加盐、料酒、胡椒粉腌15分钟，再蘸上酱油入油锅炸至棕红，捞出沥干；香菇洗净切小块；豌豆、香菜洗净；葱洗净，切段；姜去皮，切片。

2. 锅内加油烧热，放入葱段、姜片爆香，加香菇、豌豆煸炒至香，加盐煮沸装盘，放入鸭块、啤酒移至蒸锅以大火蒸熟。

3. 拣去葱、姜，汤汁回锅，加味精，用水淀粉勾芡后浇在鸭块上，淋上香油、撒上香菜即可。

营养师语

香菇具有高蛋白、低脂肪、多糖、多种氨基酸和多种维生素的营养特点。由于香菇中含有一般食品中罕见的伞菌氨酸、口蘑酸等，故味道特别鲜美。

温馨提示

烹制此菜品时，除了啤酒之外不必再加水，以免水分过多影响风味。

粉蒸鹅

材料

鹅肉 600 克，荷叶 50 克，米粉 30 克，葱 15 克，花椒 15 克，甜面酱 15 克，辣椒酱 10 克，胡椒粉 8 克，鸡精 3 克，蚝油 8 毫升，食用油 8 毫升，香油 5 毫升。

制作方法

1. 将鹅肉斩成块，放入清水中泡去血水；大葱切末。

2. 将蚝油、鸡精、甜面酱、辣椒酱、香油、胡椒粉与鹅肉块抓匀，腌 5 分钟，再将鹅肉块两面蘸匀米粉。

3. 将荷叶修整齐后，入沸水中氽过，然后捞出铺在小笼中间；锅内加油烧热，放入花椒炸出花椒油。

4. 将鹅肉块整齐地放在小笼的荷叶上，用大火蒸 30 分钟后取出，撒上葱末，浇上花椒油，上桌即可。

营 养 师 语

　　鹅肉含有人体生长发育所必需的各种氨基酸，其组成接近人体所需氨基酸的比例，从生物学价值上来看，鹅肉是全价蛋白质、优质蛋白质。鹅肉脂肪的熔点亦很低，质地柔软，容易被人体消化吸收。

温馨提示

　　此菜品中的米粉是用大米为原料，擀制而成的粉状物。

花椒蒸鸡

材料

鸡肉800克，花椒、味精、醋、酱油、姜、香油、小葱、盐各适量。

制作方法

1. 将鸡宰杀洗净，放入开水内煮约10分钟至半熟，取出剁成块，然后将鸡块一块挨一块地摆在碗中。

2. 将香油倒入锅中，置旺火上烧热，投入花椒炸一下，至花椒呈现焦色，连油一起倒入鸡块碗内，另将味精、酱油、醋、盐一起调匀，也倒入鸡块碗内。

3. 姜、葱洗净，均切成小段，放在鸡块上面；把鸡碗放入电蒸锅中，蒸35分钟，调味入骨，即出笼覆扣在大盘上即成。

营 师 语

中医认为花椒性温，有温中散寒、除湿、止痛、杀虫的作用，春季适度食用，有助于人体阳气的生发。

温馨提示　　鸡块不要切太大，最好选用当年仔鸡。

酒酿汁蒸鸡

材料

肥嫩鸡 800 克，葱、姜各 10 克，料酒 60 毫升，盐 6 克，酒酿汁 100 毫升，味精 5 克。

制作方法

1. 将鸡宰杀，斩去脚爪，取出内脏，用沸水烫一下，去除血水；葱切段；姜切片。

2. 将鸡放在碗里，加清水、料酒、酒酿汁、盐、葱段、姜片。

3. 把蒸碗放入电蒸锅中，蒸 35 分钟，除去葱段、姜片即可。

营　养　师　语

　　酒酿汁含有 10 多种氨基酸，其中有 8 种是人体不能合成而又必需的，有活血通经、散寒消积、杀虫之功效。中老年人、孕产妇和身体虚弱者适宜食用。

温馨提示

　　酒酿汁是一种低度酒，口味香甜醇美，含酒精量极少，因此深受人们喜爱。

香菇滑鸡

材料

带骨鸡 500 克,腊肠 1 根,香菇 10 克,姜片 10 克,葱段 10 克,盐 6 克,味精 3 克,干淀粉 10 克,食用油 10 毫升。

制作方法

1. 鸡斩块,腊肠切片,香菇浸透后也切片。

2. 鸡肉加味精和盐腌 10 分钟,再加葱段、干淀粉、香菇、姜片一起拌匀,平铺在碟上,淋上油。

3. 将腊肠片覆盖在鸡块上,放入电蒸锅中,蒸 30 分钟即成。

营养师语

香菇中含有嘌呤、胆碱、酪氨酸、氧化酶以及某些核酸物质,能起到降血压、降胆固醇、降血脂的作用,又可预防动脉硬化、肝硬化等疾病。

温馨提示

若是夏秋时节,可将香菇、腊肠换成云耳和黄花菜,便具清鲜的口味,用小火蒸 20 分钟就足够。

肉末虾仁蒸蛋

材料

鸡蛋3个，猪肉50克，虾仁15克，菜心30克，葱末5克，淀粉5克，酱油5毫升，盐3克，味精2克，食用油10毫升。

制作方法

1. 将鸡蛋打入碗内搅散，放入盐、味精、清水（适量）搅匀，放入电蒸锅中蒸10分钟左右。

2. 选用三成肥、七成瘦的猪肉剁成末，菜心切片，虾仁切成粒。

3. 锅放炉火上，放入食用油烧热，放入肉末、虾仁，炒至松散出油时，加入葱末、菜心片、酱油、味精及水（适量），用淀粉、水调匀勾芡后，浇在蒸好的鸡蛋上面即成。

营 养 师 语

　　鸡蛋及猪肉均有良好的养血生精、长肌壮体、补益脏腑之效，尤其是维生素A含量高，除对产妇有良好的滋补之效外，对维生素A缺乏症也有很好的治疗作用。

温馨提示

　　蒸蛋时要算好蒸制的时间，以免将蛋蒸老。

干煸四季豆

材料

四季豆 500 克，肉片、碎米芽菜各 50 克，干红椒 20 克，葱末、姜末、蒜末各 6 克，料酒 5 毫升，糖、盐各 5 克，鸡精 2 克，食用油 30 毫升。

制作方法

1. 将四季豆择去老筋，切成均匀的长段，洗净，沥干水分；干红椒切小段。

2. 锅中放食用油烧热，倒入四季豆，用大火炸至外皮微皱，捞出沥油。

3. 锅中留底油，放入葱、姜、蒜爆香，下入干红椒，倒入肉末炒散，加入料酒，炒至干酥，放入四季豆、糖、鸡精、盐翻炒至熟即可。

营 养 师 语　四季豆有调和脏腑、安养精神、益气健脾、消暑化湿和利水消肿的功效。四季豆富含蛋白质和多种氨基酸，常食可健脾胃，增进食欲。

温馨提示　四季豆烹煮时间宜长不宜短，要保证熟透，否则会发生中毒。

手撕包菜

材料

包菜 500 克，红椒 20 克，花椒、蒜末各 5 克，香菜 3 克，食用油 20 毫升，鸡精 2 克，生抽 5 毫升，盐 6 克。

制作方法

1. 包菜洗净，掰去老叶，撕成片状；红椒切碎，蒜剁成末。

2. 烧热油，加入蒜末、红椒和花椒粒，改小火炒至香气四溢时，倒入包菜，开大火快炒至菜叶稍软，略呈半透明状，加入鸡精、生抽和盐炒匀入味。

3. 将炒好的包菜盛入盘中，放上香菜叶做点缀即可。

营养师语

包菜富含吲哚类化合物、萝卜硫素、维生素 U、维生素 C 和叶酸，有壮筋骨、利脏器、祛结气、清热止痛等功效，特别适合动脉硬化、胆结石症及肥胖患者。

温馨提示

包菜遇热会出水，拌炒时不宜再加水，否则会冲淡麻辣味，包菜也不够鲜甜。

开水白菜

材料

白菜 500 克，鸡汤 300 毫升，枸杞子、盐各 5 克，姜末、葱花各 3 克，料酒 5 毫升。

制作方法

1. 白菜去外部菜叶，取菜心去老筋，改刀切成片。

2. 炒锅烧水至沸，将白菜放水中焯至半熟取出备用。

3. 取鸡汤加白菜与盐、葱花、姜末、料酒煮沸，用勺打出配料渣，放入枸杞子即可。

营养师语

白菜含有丰富的膳食纤维，不但能起到润肠、促进排毒的作用，还能刺激肠胃蠕动，促进大便排泄，帮助消化。

温馨提示

此菜只取大白菜中间的那点发黄的嫩心，将未熟透时的白菜心是最好的。

尖椒茄子煲

材料

茄子 400 克，青尖椒 50 克，食用油 30 毫升，蒜 4 克，料酒、蚝油各 5 毫升，酱油 2 毫升，水淀粉 25 毫升，胡椒粉 2 克，糖、盐各 5 克，鸡精 3 克。

制作方法

1. 茄子洗净，去皮，切粗条；青尖椒洗净，去籽，切成条；蒜去皮，洗净，切成末。

2. 锅内放油烧热，放入茄子炸至色泽金黄，放入青尖椒，即刻捞出沥净油。

3. 锅内留少许油，放入蚝油、蒜末煸炒出香味，加料酒、酱油、适量清水，放入茄子、青尖椒、酱油、胡椒粉、糖、盐、鸡精，煮沸，勾入水淀粉，盛入煲锅即可。

营养师语

茄子含有丰富的维生素 P 及维生素 E，具有保护血管、防治坏血病的功效，茄子还有抗氧化作用，常吃茄子能抗衰老。

温馨提示

茄子在烹调前放入热油锅中炸，再与其他材料同炒，能够使茄子不易变色。

开胃茄子

材料

茄子 500 克，辣椒酱、盐、生抽、食用油、葱花各适量。

制作方法

1. 将茄子洗净、去皮，切成条状，加盐拌匀，装盘。

2. 蒸架放入烧锅内，加适量清水，待水煮沸后，茄子上锅蒸约 5 分钟。

3. 把辣椒酱、生抽、食用油调匀，淋到蒸好的茄子上，撒上葱花即可。

营养师语

茄子不仅能降低胆固醇、高血压，软化血管，而且还含有防癌的成分。多吃茄子，对老年人的血管硬化有抑制作用，同时在食疗上有防止微血管破裂的特殊功能。

温馨提示

茄子切成块或片后，由于氧化作用会很快由白变褐。如果将茄子块立即放入水中浸泡，待做菜时再捞起滤干，可避免氧化。

椒油菜心

材料

小白菜 300 克，鲜蘑 50 克，酱油 5 毫升，食用油 10 毫升，水淀粉 25 毫升，盐 4 克，花椒 3 克。

制作方法

1. 将小白菜菜心切段，放入开水内焯一下；鲜蘑切成片，用热水烫一下，控水。

2. 淀粉放碗内加水调成水淀粉；花椒放入热油内炸出花椒油待用。

3. 炒锅添清汤，加入酱油、盐，放入菜心、鲜蘑煮沸，用水淀粉勾芡，撒入鸡精，淋上花椒油即可。

营养师语

　　小白菜是含维生素和矿物质最丰富的蔬菜之一，可为人体提供必要的物质条件，有助于增强机体免疫能力。

温馨提示

　　小白菜炒、煮的时间不宜过长，以免损失营养。

鱼香菠菜

材料

菠菜300克，泡椒5克，葱、蒜、姜各3克，醋、酱油、料酒各4毫升，淀粉6克，食用油5毫升，糖、盐各4克，鸡精2克。

制作方法

1. 菠菜洗净，葱、姜、蒜洗净切末，将盐、糖、醋、酱油、料酒、淀粉、鸡精混合调成味汁。

2. 锅内倒少量油烧热，下入菠菜稍炒后盛盘。

3. 锅内倒油烧热，入泡椒、姜末、蒜末煸炒出香味，烹入调好的味汁炒熟，入菠菜炒匀，撒入葱末即可。

营 师语

此菜含蛋白质、碳水化合物、维生素A、维生素C、钠、钙等。菠菜草酸含量较高，不适宜肾炎、肾结石患者食用。

温馨提示

菠菜以色泽浓绿、根为红色、不着水、茎叶不老、不带黄烂叶的为佳。

剁椒皮蛋蒸土豆

材料

土豆2个，皮蛋3个，剁椒15克，葱5克，蒜15克，食用油5毫升，盐5克，味精3克，香油5毫升，食用油10毫升。

制作方法

1. 土豆洗净，去皮，切成片，入清水漂洗3分钟，摆入碗中，均匀地撒上盐。

2. 皮蛋剥壳，每个切成6瓣，围摆在土豆上；蒜切末；葱切花。

3. 将剁椒、蒜末、盐、味精、食用油拌匀，浇在土豆和皮蛋上。

4. 把蒸碗放入电蒸锅中，蒸25分钟后取出，淋上烧热的香油，撒上葱花即可。

营养师语

　　土豆含有丰富的维生素A、维生素C以及矿物质，优质淀粉占16.5%，能给人体提供大量热能。土豆中含有丰富的B族维生素和优质纤维素，在人体延缓衰老过程中有重要作用。

温馨提示

　　土豆切后不要泡太久，否则会使水溶性维生素等营养流失。

客家酿豆腐

材料

豆腐500克, 鱼脊肉150克, 肥肉35克, 虾米10克, 香菇3克, 香菜5克, 葱10克, 陈皮5克, 糖3克, 生抽10毫升, 香油5毫升, 胡椒粉3克, 淀粉5克。

制作方法

1. 虾米、陈皮、香菇均浸软, 切碎; 肥肉切小粒状; 豆腐切成长方块, 中央挖一孔。

2. 鱼脊肉剁泥, 加糖、香油、胡椒粉, 搅至起胶, 加入虾米、陈皮、香菇、肥肉及葱等碎粒, 搅匀。

3. 在豆腐中间的孔上撒少许淀粉, 把鱼肉馅嵌进去; 把酿豆腐在碟内摆整齐。

4. 把蒸碟放入电蒸锅中蒸约15分钟, 取出。

5. 锅烧热, 加水、生抽, 煮沸, 用水淀粉勾芡, 取出淋在豆腐上即可。

营养师语

鱼肉中富含的核酸是人体细胞所必需的物质, 可延缓衰老。过敏性鼻炎、支气管炎患者忌食。

温馨提示

烹调时放入陈皮有除异味、增香、提鲜的功效。

鱼片蒸豆腐

材料

嫩豆腐 200 克，鱼肉 100 克，姜 10 克，葱 10 克，食用油、生抽各 10 毫升。

制作方法

1. 鱼肉切片，豆腐切大片，姜、葱切丝。

2. 豆腐排于碟内；把鱼片摆在豆腐上，撒上姜丝。

3. 把蒸盘放入电蒸锅中蒸15分钟，取出，撒上葱丝。

3. 烧开油，淋在成品上，加入生抽即可食用。

营养师语

豆腐除有增加营养、帮助消化、增进食欲的功能外，对牙齿、骨骼的生长发育也颇为有益，在造血功能中可增加血液中铁的含量。豆腐不宜与芹菜、茭白、蜂蜜、萝卜、南瓜、韭菜、竹笋、甘薯、芥菜同时食用。

温馨提示

应选用新鲜鱼片，不宜选用加工过后的鱼片。

百花酿苦瓜

材料

苦瓜 500 克，猪肉 100 克，青椒、鲜味汁、生抽、香油、盐、鸡精各适量。

制作方法

1. 猪肉洗净，切末，加生抽、香油、盐、鸡精拌匀；青椒洗净，去蒂、籽，切成丝。

2. 苦瓜洗净，切成 3 厘米左右长的段，挖去一半的瓜瓤，将拌好的猪肉末酿入苦瓜内。

3. 蒸架放入烧锅内，加适量清水，待水煮沸后，苦瓜上锅蒸 6 分钟左右。

4. 淋上鲜味汁，摆上椒丝点缀即可。

营 养 师 语

苦瓜富含蛋白质、大量维生素 C，能提高机体的免疫功能，使免疫细胞具有杀灭肿瘤细胞的作用；同时，苦瓜还具有瘦身减肥的功效。

温 馨 提 示

苦瓜身上颗粒愈大愈饱满，瓜肉愈厚；颗粒愈小，瓜肉相对较薄。选苦瓜除了要挑果瘤大、果行直立的，还要洁白漂亮，若出现黄化，代表已经过熟，果肉柔软不够脆，口感较差。

奶香番茄

材料

番茄400克，嫩豆腐、水发木耳、姜、荷兰豆粒、食用油、盐、味精、糖、牛奶、水淀粉、清汤、香油各适量。

制作方法

1. 番茄洗净，切去上面四分之一，挖空；嫩豆腐打碎，搅成泥状；水发木耳、姜均洗净，切米粒。

2. 把豆腐泥加姜米、木耳米、荷兰豆粒拌匀，酿入番茄内，入笼用大火蒸7分钟。

3. 烧锅置火上，加入适量食用油烧热，添清汤，加盐、味精、糖、牛奶煮沸，用水淀粉勾芡，淋香油，倒在番茄上即成。

营 养 师 语

番茄味甘、酸，性微寒，具有生津止渴、健胃消食、凉血平肝、清热解毒、降低血压的功效。

温馨提示

洗番茄的时候，要将蒂部挖净，将凹陷处仔细清洗；挖瓤的时候，不能把番茄挖破。

蒸酿木瓜

材料

木瓜 500 克，虾仁、玉米粒、荷兰豆粒、马蹄、火腿、生姜、食用油、熟猪油、清汤、盐、味精、糖、水淀粉各适量。

制作方法

1. 虾仁、马蹄、火腿、生姜均切粒，和荷兰豆粒、玉米粒混合在一起，加盐、味精、水淀粉、熟猪油拌匀成馅。

2. 木瓜一切两半，去籽，抹干内水，酿入馅。

3. 将木瓜封好入烧锅蒸 12 分钟至熟透，取出。

4. 另烧锅置火上，注入适量食用油烧热，添清汤，加盐、味精、糖煮沸，用水淀粉勾芡，淋在木瓜上即可。

营养师语

木瓜含有木瓜蛋白酶，可将脂肪分解为脂肪酸；木瓜还含有一种酶，能消化蛋白质，有利于人体对食物进行消化和吸收，故有健脾消食之功效。

温馨提示

生木瓜或半生的比较适合煲汤；生食应选购比较熟的木瓜；蒸制时选八成熟木瓜，口味最佳。

西芹百合炒腰果

材料

西芹 100 克，腰果 80 克，百合 50 克，胡萝卜 50 克，盐、糖、食用油各适量。

制作方法

1. 百合切去头尾分开数瓣洗净，西芹洗净、切丁；胡萝卜洗净、切小薄片。

2. 锅内下食用油，冷油小火放入腰果炸至酥脆，捞起放凉。

3. 锅内下食用油烧热，放入胡萝卜及西芹丁，大火翻炒 1 分钟，放百合、盐、糖大火翻炒 1 分钟盛出，撒上放凉的腰果即可。

营 养 师 语

　　腰果中的某些维生素和微量元素成分有很好的软化血管的作用，对保护血管、防治心血管疾病大有益处；还含有丰富的油脂，可以润肠通便、润肤美容、延缓衰老。

温馨提示

　　炒腰果的时候，火候一定要掌握好，否则口感不够爽脆。

玉枕白菜

材料

白菜梗200克，鱼肚（腌好）30克，红椒、食用油、生抽各适量。

制作方法

1. 白菜梗洗净，切大块，酿入鱼肚；红椒切菱形片，摆入鱼肚上面，然后入碟。

2. 蒸锅放水煮沸，放入鱼肚白菜碟，用大火蒸10分钟拿出。

3. 烧热食用油，淋在鱼肚白菜上，再加入生抽即可。

营养师语

鱼肚味甘、性平，具有补肾益精、滋养筋脉、止血、散瘀、消肿之功效。

温馨提示

鱼肚在食用前，必须提前泡发，其方法有油发和水发两种。质厚的鱼肚两种发法皆可；而质薄的鱼肚，水发易烂，采用油发较好。

酿大白菜

材料

大白菜300克,虾仁、猪瘦肉、香菇、姜、盐、味精、料酒、淀粉、白糖、清汤、食用油、香油各适量。

制作方法

1. 大白菜洗净,入沸水锅中余至六成熟,捞起,沥水,内部拍上适量淀粉。

2. 虾仁、猪瘦肉、香菇、姜均洗净后切成粒,加盐、料酒、淀粉,制成馅,酿入大白菜内。

3. 烧锅倒入清水烧热,隔水蒸熟白菜卷,拿出切段,装盘。

4. 烧锅注入适量食用油烧热,添清汤,加盐、味精、白糖煮沸,用水淀粉勾芡,淋入香油,浇在白菜段上即可。

营养师语

虾中富含镁,能保护心血管系统,减少血液中胆固醇含量,防止动脉硬化,同时还能扩张冠状动脉,有利于预防高血压及心肌梗死。

温馨提示

步骤1煮白菜的时候不能煮得过熟,五六成熟最佳。如果太熟,酿入馅后不好成形,蒸制后过烂,亦会影响口感。

板栗烧菜心

材料

白菜 500 克，板栗（鲜）250 克，淀粉、味精、盐、香油、胡椒粉、食用油各适量。

制作方法

1. 将板栗去壳取肉洗净，切成片；白菜择洗干净，取其嫩心，洗净。

2. 炒锅内放入食用油，烧至五成热，放入板栗炸 2 分钟，呈金黄色时，倒入漏勺，沥油，盛入小瓦钵内，加盐，上笼蒸 10 分钟。

3. 炒锅置大火上，食用油烧至八成热，放入菜心，加盐煸炒，放入味精，用水淀粉勾稀芡，和板栗一起盛入盘中，淋入香油，撒上胡椒粉即成。

营师语

板栗是碳水化合物含量较高的干果品种，能供给人体较多的热能，并能帮助脂肪代谢，具有益气健脾、厚补胃肠的作用。

温馨提示

板栗最好油炸，否则易炒碎。

炒土豆丝

材料

土豆 400 克，食用油、酱油、盐、米醋、葱花和花椒各适量。

制作方法

1. 土豆去皮，洗净，切成细丝，放于清水中浸泡10 分钟，洗去水淀粉，直到清爽为止。

2. 炒锅置火上，注入适量食用油烧热，下入葱花、花椒略炸，倒入土豆丝。

3. 土豆丝炒拌均匀（约 5 分钟），待土豆丝快熟时加酱油、米醋、盐，略炒一下，出锅装盘即可。

营养师语

常食土豆可强身健体，土豆中的钾可以防止高血压。因为当人体过多摄取盐分时，体内的钠会偏高，钾不足。土豆是钾最理想的来源。

温馨提示

土豆去皮以后，如果一时不用，可以放入冷水中，再向水中滴几滴醋，可以使土豆洁白，食用时口感也更好。

糖醋藕片

材料

莲藕400克，糖、醋、味精、食用油、盐各适量。

制作方法

1. 莲藕去皮切薄片，浸入清水中。
2. 锅中放适量清水煮沸，放入藕片，水再沸氽烫1分钟，捞出藕片放入凉水中过凉，沥干水分。
3. 炒锅置火上，注入食用油烧热，下入藕片翻炒，加糖、醋、味精、盐继续炒熟，出锅装盘即可。

营 养 师 语

莲藕中含有黏液蛋白和膳食纤维，能与人体内胆酸盐、食物中的胆固醇及甘油三酯结合，使其从粪便中排出，从而减少脂类的吸收。

温馨提示

莲藕氽烫时加入少量的醋，可使其保持原色；同时，氽烫时间不宜过长，以免失去清脆的口感。

红焖莲藕丸

材料

莲藕 450 克，鸡蛋、瘦肉、葱、姜、香菇、盐、糖、水淀粉、鸡汤、食用油各适量。

制作方法

1. 将莲藕、香菇、瘦肉洗净，均切成粒，加入鸡蛋液打至起胶，做成一个个莲藕丸；姜切片；葱切段。

2. 烧锅置火上，注入适量食用油烧热，待油温 150℃ 时，放入莲藕丸，炸至外黄里熟捞起。

3. 锅内留底油，放入姜片、葱段煸香，再下入炸莲藕丸，添鸡汤煮沸，然后加盐、糖焖熟，用水淀粉勾芡，出锅装盘即可。

养师语

莲藕生用性寒，且含有大量的单宁酸，有清热凉血作用，可用来治疗热性病症；莲藕味甘多液、对热病口渴、衄血、咯血、下血者尤为有益。

温馨提示

莲藕以藕身肥大、肉质脆嫩、水分多而甜、带有清香的为佳。挑选时，宜选外皮呈黄褐色、肉肥厚嫩、藕身无伤、不烂、不变色、无锈斑、不干缩、不断节者为佳。

蜜汁酿藕

材料

莲藕 250 克，糯米 150 克，糖 75 克，蜂蜜 25 克。

制作方法

1. 糯米淘洗干净，用温水泡软泡透；莲藕洗净、去皮，切成半圆形连刀片。

2. 将泡好的糯米装在每个藕夹内，摆入碗中，上笼约蒸 30 分钟取出，摆入盘内。

3. 锅内加水和糖、蜂蜜熬化至浓汁，浇在蒸好的藕片上即可。

营养师语

糯米含有蛋白质、脂肪、碳水化合物、钙、磷、铁、维生素 B_1、维生素 B_2、烟酸及淀粉等，属于温补强壮食品，具有补中益气、健脾养胃、止虚汗之功效。

温馨提示

糯米（包括其他五谷）煲粥或蒸制前，先浸泡一会儿，同时，加点食用油和盐，效果更好，口感也更佳。

芥蓝腰果炒香菇

材料

芥蓝 200 克，香菇 200 克，腰果 50 克，红椒、蒜、盐、味精、糖、香油、水淀粉、食用油各适量。

制作方法

1. 红椒洗净，切圈；芥蓝切成花状，串上红椒圈；蒜切片；芥蓝、香菇分别氽水；腰果炸熟。

2. 锅下食用油烧热，将红辣椒圈、芥蓝、香菇、腰果入锅中翻炒，入蒜片、盐、糖、味精炒匀，用水淀粉勾芡，淋香油出锅即成。

营　养师语

　　芥蓝富含胡萝卜素、维生素 C、硫代葡萄糖苷，硫代葡萄糖苷的降解产物叫萝卜硫素，具有防癌的作用。

温馨提示

　　红椒圈切得稍微厚一点，以免氽水和炒制时断开。

SHUICHAN
水产

酸菜鱼

材料

草鱼600克，酸菜200克，食用油15毫升，盐5克，花椒、鸡精、胡椒粉各2克，料酒8毫升，泡椒10克，姜片、蒜瓣各5克。

制作方法

1. 将鱼肉斜刀片成连刀鱼片，加入盐、料酒、鸡精拌匀，酸菜洗后切段。

2. 将炒锅置火上，放食用油烧热，下入花椒、泡椒、姜片、蒜瓣炸出香味后，倒入酸菜煸炒出香味，加水煮沸，下鱼头、鱼骨，用大火熬煮，撇去浮沫，滴入料酒去腥，再加入盐、胡椒粉。

3. 将锅内汤汁熬出香味后，把鱼片抖散入锅，待鱼片断生至熟，加入鸡精，倒入汤盆中即可。

营 养 师 语

　　草鱼含有丰富的不饱和脂肪酸，对血液循环有利，是心血管病人的良好食物；草鱼含有丰富的硒元素，经常食用有抗衰老、养颜的功效，而且对肿瘤也有一定的防治作用；对于身体瘦弱、食欲缺乏的人来说，草鱼肉嫩而不腻，可以开胃、滋补。

温 馨 提 示　　煮鱼一定要用冷汤、冷水，这样鱼才没有腥味，汤色才会呈现奶白色。

麻辣水煮鱼

材料

草鱼 800 克，莴笋 300 克，食用油 10 毫升，豆瓣酱 10 克，酱油、米酒、料酒各 5 毫升，高汤 200 毫升，花椒 2 克，姜、蒜、盐、糖、葱各 5 克，鸡精、胡椒粉各 2 克，水淀粉 25 毫升，辣椒油适量。

制作方法

1. 草鱼宰好，洗净，取净鱼肉，斜刀切薄片，放入碗中，加盐、料酒、水淀粉拌匀；姜、蒜去皮，洗净，切成姜末、蒜末；莴笋切斜片；葱切花。

2. 锅置大火上，加油烧至四成热；放入花椒、豆瓣炒香；投入姜末、蒜末稍炒，添高汤，加盐、料酒、胡椒粉、辣椒油、糖、酱油、米酒，再放入草鱼片煮熟。

3. 另取油锅烧热，注入食用油，加入莴笋片，并加盐，炒至断生，转至煮鱼片的锅中煮熟，加鸡精调味，撒上葱花，出锅即可。

营养师语

莴笋味道清新且略带苦味，可刺激消化酶分泌，增进食欲。其乳状浆液，可增强胃液、消化腺的分泌和胆汁的分泌，从而促进各消化器官的功能。

温馨提示

鱼片尽量不要切厚，但也不能太薄，太厚了煮的时间长口感则差，太薄则容易碎。

姜葱炒蟹

材料

螃蟹2只（约600克），姜8克，料酒8毫升，糖、盐各6克，皱叶欧芹10克，葱、姜各5克。

制作方法

1. 生姜洗净切片，葱洗净切段，皱叶欧芹择洗干净备用；螃蟹洗净，切块；蟹壳氽烫后留用。

2. 锅内热油后爆香姜片，加入螃蟹拌炒至蟹肉变白，加入盐、糖、料酒，转小火加盖焖煮。

3. 转大火翻炒至汁收干，盛入盘中，盖上蟹壳，再撒上皱叶欧芹作装饰即可。

营师语

螃蟹含有丰富的蛋白质、微量元素等营养要素，对身体有很好的滋补作用。

温馨提示

炒螃蟹油温不宜太高；下小料后，应加盖焖1分钟。

沙锅鳙鱼头

材料

鳙鱼头 600 克，豆腐（北）200 克，猪肉、冬笋各 50 克，香菇（水发）60 克，食用油 10 毫升，鸡油、料酒各 5 毫升，盐 6 克，姜 5 克，胡椒粉、鸡精、葱各 3 克，清水 250 毫升。

制作方法

1. 鱼头去鳞、鳃，洗净，加料酒、盐腌约 30 分钟，取出洗净滤干；猪肉、冬笋切成薄片；水发香菇去蒂，切成小块；葱白切段，余下葱和姜拍碎；豆腐切 4 厘米长、2 厘米宽的条，盛入盘中。

2. 锅内放油，中火烧至六成热，放鱼头煎至两面金黄，加葱、姜、冬笋片、猪肉片、香菇、清水、盐，煮沸，撇去泡沫。

3. 再倒入沙锅内煮 10 分钟，加鸡汤煮沸，加葱段、鸡精、鸡油，置小火炉上，放豆腐煮沸即可。

营养师语

鱼头含有鱼肉中缺乏的卵磷脂，能分解出胆碱，最后合成乙酰胆碱，常食鱼头可增强记忆、思维和分析能力。

温馨提示　　鱼头洗净后入淡盐水中泡一下可去土腥味。

糖醋鳜鱼卷

材料

鳜鱼 600 克,香菇 30 克,马蹄 50 克,鸡蛋 3 个,食用油 200 毫升,水淀粉 25 毫升,葱、蒜各 5 克,糖、姜 4 克,醋、料酒、酱油各 5 毫升,盐 3 克,鸡精 2 克。

制作方法

1. 将鱼肉洗净,切长片;香菇、马蹄、葱、姜、蒜均切细丝;取蛋清兑淀粉调成稀糊;把鱼片和香菇、马蹄分别用盐、料酒、鸡精拌匀,腌入味。

2. 鱼片平铺案上,抹上蛋糊,将配料分成份放在鱼片的一端,卷成鱼卷;煮沸油,先把鱼头尾蘸上淀粉炸熟,捞出摆盘;将鱼卷蘸上淀粉,下入油内炸到表面金黄色。

3. 锅内热油,下入葱、姜、蒜稍煸,加入盐、鸡精,开时勾水淀粉,待汁冒大泡时浇在鱼卷上即可。

营养师语

中医认为,鳜鱼味甘性平,具有补气血、益脾胃功效,可补五脏、充气胃、疗虚损,适用于气血虚弱体质,可治虚劳体弱、肠风下血等症。现代医学视鳜鱼为低脂高蛋白质优质水产品。

温馨提示

优质的鳜鱼眼球突出,角膜透明,鱼鳃色泽鲜红,腮丝清晰,鳞片完整有光泽、不易脱落,鱼肉坚实、有弹性。

剁椒鱼头

材料

大鱼头 1 个（约 500 克），
剁椒 30 克，红尖椒 10 克，
姜 5 克，盐 3 克，鸡精 2 克，
料酒 5 毫升。

制作方法

1. 鱼头洗净，砍成两半，中间相连；尖椒、姜分别切粒。

2. 鱼头摆入碟中，将剁椒、尖椒粒、姜粒和调味料一起拌匀，铺在鱼头上面。

3. 将鱼头放入蒸笼内，用大火蒸约 10 分钟，取出即可。

营 养 师 语

　　尖椒含蛋白质、脂肪油、糖类、胡萝卜素、维生素 C、钙、磷、铁、镁、钾等，有开胃的功效。

温 馨 提 示

　　鱼头蒸制时间依鱼头大小掌握好时间，以蒸至鱼眼突出为佳。

香辣带鱼

材料

带鱼 400 克，红尖椒 10 克，料酒、老抽各 5 毫升，食用油 50 毫升，盐 5 克，鸡精 2 克，淀粉 8 克，姜 4 克，干红椒 6 克。

制作方法

1. 带鱼洗净切段，打花刀，加盐、料酒腌制，加淀粉裹匀；干红椒、红尖椒切小段。

2. 热锅下油，将带鱼煎至两面呈金黄色，捞出备用。

3. 锅底留油，下入带鱼翻炒，加盐、鸡精、干红椒、红尖椒和老抽炒匀，起锅装盘。

营养师语

带鱼的脂肪含量高于一般鱼类，且多为不饱和脂肪酸，这种脂肪酸的碳链较长，具有降低胆固醇的作用。

温馨提示　带鱼腥气较重，宜红烧、糖醋。

118

焦炸螃蟹

材料

海蟹 500 克,鸡蛋 1 个,食用油 10 毫升,盐 5 克,鸡精、五香粉各 2 克,面粉、淀粉各 6 克,料酒、香油各 5 毫升,葱、姜各 3 克。

制作方法

1. 先将螃蟹用清水洗一遍,再切块,用料酒和盐腌制;葱切成花,姜切成粒。

2. 将腌蟹沥干水分,撒上鸡精,用鸡蛋、面粉、水淀粉和适量的水调制成糊,把蟹裹上糊。

3. 锅内放油煮沸,用筷子将上糊的蟹逐块下入油锅炸焦酥呈金黄色,然后滗去油,加入葱花、姜粒、五香粉和香油,颠几下装入盘内即可。

营养师语

蟹乃食中珍味,素有"一盘蟹,顶桌菜"的民谚。它不但味美,且营养丰富,是一种高蛋白的补品。海蟹蟹肉质细嫩、洁白,富含蛋白质、脂肪及多种矿物质。

温馨提示

螃蟹的鳃、沙包、内脏含有大量细菌和毒素,吃时一定要去掉。

119

清蒸鲫鱼

材料

鲫鱼1条(约400克),火腿肠30克,香菇15克,盐、姜各5克,葱、鸡精、香菜各2克,料酒、醋各5毫升,食用油10毫升。

制作方法

1. 将鲫鱼处理干净,在两侧斜刀切纹,入开水中汆烫后捞出,沥干水分,加料酒、盐腌渍;火腿切长方片;葱一半切段,一半切末;姜切片;香菜切末;香菇一分为二。

2. 锅内入油,入葱末、姜末爆香并淋在鱼身上。

3. 香菇汆汤后与火腿一同摆在鱼身上,葱段、姜片摆上,加盐、料酒、鸡精和汤,入蒸锅中蒸15分钟取出,拣出葱姜,撒上香菜即成。

营 养 师 语

鲫鱼所含的蛋白质质优、齐全,易于消化吸收,它有健脾利湿、和中开胃、活血通络、温中下气之功效,滋补作用较强。

温馨提示

鲫鱼汆烫之后不仅能很好地去除腥味,并能使蒸制过程中鱼肉不轻易掉落。

酱烧鱼

材料

鲜鱼 1 条，豆瓣酱 40 克，葱 10 克，姜 15 克，蒜 18 克，盐 3 克，味精 2 克，淀粉 10 克，料酒 10 毫升，酱油 8 毫升，食用油 15 毫升，醋适量。

制作方法

1. 鲜鱼宰杀去内脏洗净后，在两面各轻剞 5 刀；葱洗净，切葱花；姜去皮，切末；蒜去皮，切末。

2. 炒锅置大火上，加油烧热，下鱼煎至两面微黄。

3. 锅内留适量油，将鱼拨到锅边，下豆瓣酱、姜末、蒜末炒香，加肉汤、盐、料酒、酱油、糖，拨入鱼，用中火慢烧 10 分钟翻面，再烧至鱼肉熟透，盛入鱼盘。

4. 锅内用水淀粉勾芡，加葱花、味精，滴少许醋，拌匀起锅，浇在鱼上即可。

营 师 语

葱有降低胆固醇和预防呼吸道、肠道传染病的作用，经常吃葱还有一定的健脑作用。

温 馨 提 示　　豆瓣酱已有咸味，要少放点盐。

宫保鱿鱼

材料

鱿鱼卷400克，花生米50克，花椒3克，干红椒10克，糖5克，食用油10毫升，醋5毫升，盐4克，鸡精2克。

制作方法

1. 汤锅上火将鱿鱼卷略焯。

2. 炒锅上火，放食用油烧热，加花椒、干红椒略炸，放入鱿鱼卷、糖、醋、盐、鸡精，加花生米翻炒即可。

营养师语

鱿鱼富含蛋白质、钙、磷、铁等，并含有丰富的硒、碘、锰、铜等微量元素，有滋阴养胃、补虚润肤等功效。

温馨提示

新鲜鱿鱼不经煮，越煮越老，所以烫和炒的时候动作要快，不要在锅内停留时间过久。

乌贼烧河虾

乌贼 200 克，河虾 80 克，芥蓝 100 克，姜 10 克，盐 8 克，味精 2 克，干辣椒粉 10 克，淀粉 20 克，蚝油 10 毫升，料酒 15 毫升，食用油 15 毫升，香油 5 毫升。

制作方法

1. 乌贼洗净，切刀花；河虾去掉虾枪，洗净；姜去皮，切小片；芥蓝洗净，切成片。

2. 锅中倒入食用油烧热，放入乌贼卷、河虾，炸至八成熟倒出。

3. 锅内留底油，放入姜片、芥蓝、干辣椒粉煸炒片刻，投入乌贼卷、河虾，加料酒、盐、味精、蚝油，用大火炒至入味，然后用水淀粉勾芡，淋入香油即可。

营 养 师 语

历代医学专著对乌贼的医疗保健作用评价较高。乌贼肉性味咸、平，有养血滋阴、益胃通气、祛瘀止痛的功效，用于月经失调、血虚闭经、崩漏、心悸、遗精、耳聋、腰酸肢麻等。

温馨提示

乌贼体内含有许多墨汁，不易洗净，可先撕去表皮，拉掉灰骨，将乌贼放在装有水的盆中，在水中拉出内脏，再在水中挖掉乌贼的眼珠，使其流尽墨汁，然后多换几次清水将内外洗净即可。

豆苗炒虾

材料

大虾700克，豆苗500克，鸡蛋2个，葱8克，姜10克，盐8克，味精2克，淀粉15克，胡椒粉8克，料酒10毫升，食用油15毫升，鲜汤30毫升。

制作方法

1. 将大虾剥壳去头，由脊背拉一刀，将虾线挑出，清洗干净，把每只虾肉片成片；姜切片；葱剖开切2厘米长的节段；把豆苗洗净，择去尖。

2. 用水、淀粉和鸡蛋清调成糊，另用盐、味精、料酒把虾片拌匀，调味，并浆上蛋糊。

3. 锅内加油烧热，放入姜片、葱段炒香，再将虾片、豆苗下进热油锅中滑熟后捞出，装盘。

4. 用水淀粉、料酒、味精、盐、汤兑成汁，入净锅中烧热，淋在虾片上即可。

营养师语

虾含有丰富的镁，镁对心脏活动具有重要的调节作用，能很好地保护心血管系统，可减少血液中胆固醇含量，防止动脉硬化。

温馨提示

新鲜的虾应该是虾壳、须硬，色青光亮，眼突，肉结实，味腥；色变红，身软，虾壳掉脱的虾则是不新鲜的。

粉丝基围虾

材料

基围虾 500 克，水发粉丝 100 克，葱 8 克，豆豉 10 克，酱辣椒 10 克，盐 6 克，蚝油 10 毫升，食用油 10 毫升。

制作方法

1. 基围虾剪去部分须爪后，用刀从头往尾部片开，并保持尾部不断开；葱洗净，切葱花。

2. 水发粉丝垫在大盘中，把片开的虾掰开后整齐地摆放在粉丝上。

3. 锅内加油烧热，放入盐、蚝油、豆豉、酱辣椒，炒制开胃汁，然后淋在虾肉上。

4. 将虾盘放入蒸锅蒸熟，撒入葱花即可。

营 养 师 语

　　基围虾的维生素 A、胡萝卜素和无机盐含量比较高，具有补肾壮阳、通乳抗毒、养血固精、化瘀解毒、益气滋阳、通络止痛、开胃化痰等功效。

温馨提示　　此菜要掌握好蒸制时间，5 分钟之内即可。

川椒大闸蟹

材料

大闸蟹 2 只，蒜苗 50 克，川椒 25 克，蒜 15 克，盐 8 克，味精 2 克，料酒 10 毫升，醋 8 毫升，老抽 10 毫升，食用油 15 毫升。

制作方法

1. 大闸蟹用刷子洗涮干净，用热水汆过后，晾干备用；蒜苗洗净，切段；川椒、蒜洗净。

2. 炒锅置火上，加油烧热，烹入料酒，放入蟹稍炒后加川椒、盐、醋、老抽、蒜翻炒。

3. 再加入蒜苗稍炒，加入味精调味，起锅装盘即可。

营养师语

蒜苗因含有丰富的维生素 C 而具有明显的降血脂及预防冠心病和动脉硬化的作用，并可防止血栓的形成。

温馨提示

切忌吃蟹心。蟹的双鳃之间有一个六角形的白色蟹心，极其寒凉，虚寒人士不宜食用。另外，但凡内脏都不宜吃，因内脏积聚重金属，多吃易中毒。

豆豉鲫鱼

材料

鲫鱼 750 克，猪肉 50 克，
豆豉 60 克，葱 10 克，盐 4 克，
酱油 15 毫升，料酒 15 毫升，
食用油 30 毫升，香油 5 毫升，
鲜汤 30 毫升。

制作方法

1. 将鲫鱼去鳞、鳃、内脏，
   洗净，然后下油锅略炸一
   下捞起沥油待用。

2. 猪肉洗净，剁成肉末；豆
   豉剁为末；葱洗净，切成
   葱花。

3. 锅内加油烧热，放入肉末、
   豆豉末炒散，加入料酒、
   盐、酱油、鲜汤烧干，撇
   去浮沫，放入炸好的鲫鱼，
   烧 10 分钟，改用小火焖
   烧至汁浓鱼熟时起锅，晾
   凉待用。

4. 将晾凉的鱼，改刀切成瓦
   块形装盘，撒上葱花，淋
   上香油即可。

营 养 师 语

　　鲫鱼每百克肉中含蛋白质 13 克、脂肪 1.1 克，并含有丰富的钙、磷、铁、硒、锌以及多
种维生素。它具有很高的营养价值和药用价值，常吃不仅能健身，还能减肥，有助于降血压
和降血脂，使人延年益寿。

温
馨
提
示
　　收汁时，汤汁的多少要掌握适度，以免煳锅。

肉蟹蒸蛋

材料

肉蟹300克,瘦肉100克,鸡蛋2个,蒜蓉10克,盐、淀粉各5克,胡椒粉2克,生抽、香油各5毫升,食用油15毫升。

制作方法

1. 瘦肉洗净,剁成肉末,加盐、生抽、淀粉、香油、胡椒粉和少量水拌匀;鸡蛋打散,加入肉末搅匀。

2. 把肉蟹清理干净,剁块,沥干水分;把剁好的蟹块按原形码在盘中,加入肉、蛋。

3. 把蒸盘放进电蒸锅中,蒸约12分钟。

4. 油烧开,放入蒜蓉用慢火爆香,浇在蟹上即可。

营师语养

蟹含有蛋白质、脂肪、碳水化合物、钙、磷、维生素 A、维生素 B_1、维生素 B_2、烟酸等营养成分,还含十余种游离氨基酸,有清热解毒、补骨添髓、养筋活血、通经络、利肢节、续绝伤、滋肝阴、充胃液的功效。

温馨提示   要用鲜活的肉蟹;为了食用方便,可在蒸制之前拍破蟹钳。

榨菜肉末蒸罗非鱼

材料

罗非鱼 1 尾，榨菜 50 克，猪肉末 50 克，红椒 1 个，葱 10 克，姜 15 克，油 5 毫升，料酒 10 毫升，蚝油 5 毫升，酱油 10 毫升，香油 5 毫升。

制作方法

1. 姜切成细丝，葱切成花，红椒切成细丝；榨菜与猪肉末一起放入碗内，加入油、料酒、蚝油、酱油拌匀，腌渍 15 分钟入味。

2. 罗非鱼洗净，在鱼背处横切一刀，抹上一层盐，腌渍 5 分钟；往罗非鱼腹中塞入少许姜丝，鱼身也撒上姜丝。

3. 将腌好的肉末榨菜丝铺在鱼身上，腌渍 15 分钟后撒上一层红椒丝，盖上一层保鲜膜。

4. 把鱼放入电蒸锅中，蒸约 15 分钟，取出后撒上葱花，淋上香油即可。

营 养师语

　　榨菜的成分主要是蛋白质、胡萝卜素、膳食纤维、矿物质等，有"天然味精"之称，富含产生鲜味的化学成分，经腌渍发酵后，其味更浓。糖尿病患者、孕妇要尽量少吃榨菜，慢性腹泻者应忌食。

温馨提示

　　袋装榨菜咸味和辣味较重，可先将榨菜用清水冲洗干净，去掉过多的咸辣味，再用来蒸鱼。

蒜泥蒸大虾

材料

大虾 350 克，蒜头 30 克，红椒丝 15 克，葱粒 15 克，蒜蓉辣酱 15 克，糖 5 克，生抽 20 毫升。

制作方法

1. 划开大虾虾背，去虾肠，洗净，用布吸干水分；蒜头去衣，拍碎；预备红椒丝和葱粒。

2. 蒜蓉辣酱、糖、生抽和蒜蓉放入锅内，调成汁备用。

3. 把大虾排在碟上，把蒜蓉汁、红椒丝放在大虾上面，用保鲜膜包裹，留一开口处疏气。

4. 将虾盘放入电蒸锅中蒸约 15 分钟，取出即可。

营师语

大蒜中的成分和人体内的维生素 B_1 结合能产生"蒜胺"，这种蒜胺能促进和发挥维生素 B_1 的作用，增强碳水化合物氧化功能，为大脑细胞提供足够的能量。

温馨提示

色发红、身软的虾不新鲜，尽量不要吃。虾背上的虾线应挑去不吃。

粉丝蒸青蛤

材料

青蛤 750 克，粉丝 100 克，红椒 1 个，蒜蓉 30 克，姜米 25 毫升，食用油 10 毫升，盐 5 克，糖 3 克，水淀粉 5 克，葱 5 克。

制作方法

1. 青蛤用开水烫开，摆入碟内；红椒切粒；粉丝浸软，切段；葱切小段；蒜蓉加入盐、水淀粉、油、糖拌匀。

2. 将粉丝铺在青蛤上，拌好的蒜蓉铺在粉丝上。

3. 将蒸盘放入电蒸锅中蒸约20 分钟，撒葱段，稍焖一会儿，取出即可。

营 养 师 语

　　青蛤肉质细嫩鲜美，营养丰富，体内含多种人体所需的微量元素，特别是铁的含量高达194.25 毫克 / 公斤，是沿海群众喜爱的海鲜品。

温 馨 提 示

　　贝类本身极富鲜味，烹制时千万不要再加味精，也不宜多放盐，以免失去鲜味。

❀花雕蒸蟹

材料

花蟹2只，鸡油50克，盐5克，糖3克，花雕酒20毫升，姜20克，葱15克，胡椒粉3克。

制作方法

1. 花蟹洗净，切块，沥干水分，蟹钳用刀拍裂，装入碟中。

2. 把鸡油、盐、糖、花雕酒、姜、葱、胡椒粉淋于蟹面，用保鲜膜覆盖，留几个孔疏气。

3. 把蒸碟放入电蒸锅中，蒸20分钟后取出即可。

营师语

花雕酒主要由白糯米和水酿造，属于纯食物酒类，上好的花雕酒含有多种人体必需的氨基酸、蛋白质、维生素，适量饮用有活血提神、消除疲劳、提高新陈代谢、开胃等功效。

温馨提示

此菜生姜一定要多放，这是因为生姜能加速血液循环，刺激胃液分泌，其性温热，正好可以与性寒的蟹肉相补。

清蒸青蟹

材料

青蟹 500 克，香菜 200 克，姜末 30 克，醋 5 毫升，酱油 20 毫升，香油 5 毫升。

制作方法

1. 青蟹在凉水中放养 15 分钟，用刷子洗净蟹身上的泥沙，用小线绳将之捆绑扎好，放入电蒸锅中蒸 20 分钟。

2. 把姜末、醋、酱油、香油调匀成味碟；香菜清洗干净，放入小盘中。

3. 将小线绳拆掉，把蒸好的蟹放入碟中，伴味碟使用即可。香菜用来搓手可以去除腥味。

营养师语

香菜中含的维生素 C 的量比普通蔬菜高得多，一般人食用 7 ~ 10 克香菜叶就能满足人体对维生素 C 的需求量；香菜中所含的胡萝卜素要比西红柿、菜豆、黄瓜等高出 10 倍多。

温馨提示

蒸蟹时将蟹捆住，可防止蒸后掉腿和流黄。在煮食螃蟹时，宜加入一些紫苏叶、鲜生姜，以解蟹毒，减其寒性。

枸杞香菇盘龙鳝

材料

白鳝 600 克，枸杞子、香菇各 30 克，香葱 10 克，青椒 10 克，姜 20 克，香菜 5 克，盐 5 克，味精 3 克，豆豉 10 克，酱油 15 毫升，料酒 20 毫升。

制作方法

1. 白鳝洗净，切成底部相连的厚片，用料酒、盐、味精稍腌。

2. 将腌好的白鳝码入盘中，撒上适量豆豉、香菇粒、枸杞子、姜末，放入电蒸锅中蒸 20 分钟。

3. 取出蒸好的白鳝，撒上青椒粒、香菜末和香葱花，淋少许熟酱油即成。

营养师语

白鳝富含维生素 B_2。此外，其他微量元素的含量也比较高，一般人群均可食用，特别适宜身体虚弱、气血不足、营养不良之人食用。

温馨提示

白鳝本身肉质细腻，而且含有少量脂肪。因此蒸食时无须加入肥肉丁等，以免过于油腻影响食欲，妨碍膳食营养平衡。

Part 4 鲜美汤羹

鲜美汤羹的技巧

对于中国人的饮食文化而言，汤无疑是餐桌上必不可少的一道主菜，对于任何宴席而言，汤都有着其必须存在的价值。那么，究竟在煲汤时注意些什么才能让自己烹饪的汤料理更加美味呢？我们需要做好以下几个环节。

煲汤材料的准备

中国人煲汤，对于材料的要求是十分有讲究的。通常来说，客人所喜欢的都是一些富含蛋白质的动物汤底，在材料方面也多会用到猪、羊、鸭、鱼类等。对于一般的煲汤步骤，要想让汤更加的入味，就需要选择新鲜的原料，先用大火煮沸随后再用小火焖煮。通常煲汤的时间会因为材料的不同而有一定的区别，为了更好地表现出材料本身的美味，煲汤的整个过程需要以材料本身特质作为烹饪中心，这样做出的汤才能原汁原味，浓郁香醇。

煲汤的过程

煲汤需要用文火进行慢慢地焖煮，其烹饪的过程是不能够有太大的变化的，与炖汤的情况不同，通常煲汤的过程会充分利用食材的特性，通过合适的时间来确保食材的营养成分可以完全渗透到汤里，这样不但可以提味而且还十分易于人体对于营养的吸收。煲汤的关键在于原料的搭配，由于煲汤时用到的食材较多，所以考虑好这些食材的搭配以及相互之间的影响就很重要。

煲汤的技巧

在煲汤的过程中还是有一些技巧可循的，通常来说，在煲汤的过程中切忌加入冷水，由于冷水可能会造成肉类的收缩，这样可能会导致蛋白质无法溶解，而这样一来，便可能会影响到汤的鲜美。另外，对于盐类调味品也不能够过早地加入到汤品中，盐加入过早也可能会导致食材中的蛋白质无法溶解，有时还可能会造成汤品浓度不够，从而使得味道过淡。此外，还有一点需要注意的是，为了尽可能地保障汤的原汁原味，大家一定不能够过多地加入一些调味料，对于调味品量的把握只要适当就足矣。

TANGPIN
汤品

玉米椰子煲乌鸡

材料

脊骨300克，乌鸡250克，猪小肘200克，玉米150克，椰子100克，姜、盐、鸡精各适量。

制作方法

1. 先将脊骨、猪小肘、椰子切块；乌鸡剁块；玉米切块。

2. 锅内加水煮沸，放入脊骨、猪小肘、乌鸡，汆去血渍，倒出洗净。

3. 用瓦煲装清水，大火煮沸，放入乌鸡、脊骨、猪小肘、玉米、椰子、姜，煲2小时后调入盐、鸡精即可。

营 **师语**

玉米中含有较多的粗纤维，比精米、精面高4～10倍。玉米中还含有大量镁，镁可加强肠壁蠕动，促进机体废物的排泄。

温馨提示　煲汤时不用撕去鸡皮，连同鸡皮煲功效更佳；体内热盛的人不宜经常食用椰子。

137

人参鸡汤

材料

本地鸡300克，猪小肘200克，鲜人参15克，红枣10克，枸杞子5克，姜、葱、盐、鸡精各适量。

制作方法

1. 先将鸡剖净；猪小肘切块；鲜人参洗净。

2. 用锅将水烧沸，放入鸡、猪小肘余去血渍，倒出用水冲净。

3. 将猪小肘、鸡、鲜人参、枸杞子、姜、红枣、葱放入炖盅内，加清水炖2小时，下火后调入盐、鸡精即可。

营养师语

此汤味甘，为常用补气汤，可大补元气，有补脾益肺、生津止渴、安神定志、补气生血等疗效。

温馨提示

选购枸杞子时以粒大、肉厚、色红、籽少、质地柔软、味甜者为佳。

党参黄芪乌鸡汤

材料

乌鸡 600 克，猪瘦肉 250 克，黄芪、党参各 50 克，红枣 30 克，姜、盐、味精各适量。

制作方法

1. 乌鸡去内脏及尾部，洗净切块；猪瘦肉洗净，切厚块。

2. 将乌鸡、猪瘦肉一起放入沸水中，大火煮 5 分钟，取出过冷水备用。

3. 红枣（去核）、黄芪、党参洗净，与瘦肉、鸡块一起放入沙锅里，加适量清水，用大火煮沸后，改用小火炖 2 ～ 3 小时，加盐、味精调味即可。

营养师语

现代医学研究认为乌鸡含有人体不可缺少的赖氨酸、蛋氨酸和组氨酸，能调节人体免疫功能和抗衰老。

温馨提示

选购乌鸡时，可掰开乌鸡的嘴巴，看看它的舌头是否也是黑色的，如果是，那么这只乌鸡的药效价值最高了。

枸杞黄芪乳鸽汤

材料

乳鸽 1 只（约 300 克），瘦肉 150 克，枸杞、黄芪各 15 克，姜、盐各适量。

制作方法

1. 将枸杞、黄芪洗净；乳鸽切去脚；瘦肉切丁。

2. 将瘦肉同乳鸽一起入沸水，煮 5 分钟，捞起洗净。

3. 注适量水入煲，煮沸，入黄芪、枸杞、姜、瘦肉、乳鸽再次煮沸，小火再煲 3 小时，放盐调味。

营养师语

乳鸽的骨内含丰富的软骨素，常食能增加皮肤弹性，改善血液循环。乳鸽肉含有较多的支链氨基酸和精氨酸，可促进体内蛋白质的合成，加快创伤愈合。

温馨提示

为了避免鸽肉中的蛋白质受冷骤凝而不易渗出，煲煮此汤的过程中请勿加冷水。

板栗杏仁鸡汤

材料

鸡 600 克，板栗肉 150 克，核桃肉 80 克，红枣 50 克，杏仁 20 克，姜、盐各适量。

制作方法

1. 杏仁、板栗肉、核桃肉放入滚水中煮 5 分钟，捞起洗净；红枣去核洗净；鸡去爪洗净，沥干水分。

2. 在沙锅内加适量水，放入鸡、红枣、杏仁、姜煮沸，再用小火煲 2 小时。

3. 加入核桃肉、板栗肉再煲 1 小时，加盐调味即可。

营 养 师 语

板栗含有丰富的营养成分，包括糖类、蛋白质、脂肪、多种维生素和无机盐。栗子对高血压、冠心病、动脉粥样硬化等具有较好的防治作用。老年人常食栗子，对抗老防衰、延年益寿大有好处。

温 馨 提 示

选购板栗的时候不要一味追求果肉的色泽洁白或金黄。板栗果肉呈金黄色有可能是因为板栗经过化学处理。

莲藕黑豆鲇鱼汤

材料

莲藕、鲇鱼各300克，脊骨250克，猪小肘150克，黑豆50克，沙参5克，姜、盐、鸡精各适量。

制作方法

1. 将脊骨、猪小肘切块；鲇鱼剖好、洗干净；黑豆泡洗干净；莲藕去皮切块。

2. 锅内加水煮沸，放入脊骨、猪小肘汆去血渍，倒出洗净；鲇鱼下油锅煎至金黄色。

3. 瓦煲装水用大火煮沸，放入脊骨、猪小肘、黑豆、莲藕、沙参、鲇鱼、姜，煲2小时后调入盐、鸡精即可。

营养师语

鲇鱼含有的蛋白质和脂肪较多，对体弱虚损、营养不良之人有较好的食疗作用。鲇鱼是催乳的佳品，并有滋阴养血、补中气、开胃、利尿的作用，是妇女产后食疗滋补的必选食物。

温馨提示

藕性寒，生吃清脆爽口，脾胃不佳的人应少生吃。

四果炖鸡

材料

苹果、雪梨各 250 克，鸡 450 克，猴头菇 50 克，无花果 50 克，木瓜 450 克，猪小肘 300 克，姜 5 克，葱 5 克，盐 3 克，鸡精 4 克。

制作方法

1. 鸡肉洗净，斩成块；苹果、雪梨切开，洗净。

2. 沙锅内加适量清水，放入鸡块、猪小肘，大火煮沸，余去血水，洗净。

3. 鸡块、猪小肘、雪梨、苹果、木瓜、无花果、猴头菇、姜、葱放入炖盅内，注入清水，炖 2.5 小时，调入盐、鸡精即可食用。

营养师语

　　苹果中含有较多的钾，能与人体过剩的钠盐结合，使之排出体外。当人体摄入钠盐过多时，吃些苹果，有利于平衡体内电解质。苹果中含有的磷和铁等元素，易被肠壁吸收，有补脑养血、宁神安眠作用。

温馨提示

　　选购苹果时，应挑选个大适中、果皮光洁、颜色艳丽、软硬适中、果皮无虫眼和损伤、肉质细密、酸甜适度、气味芳香者。

茶树菇无花果煲土鸡

材料

土鸡 400 克，干茶树菇 500 克，无花果 50 克，枸杞子 3 克，姜 10 克，盐 6 克，鸡精 3 克。

制作方法

1. 土鸡砍块，干茶树菇洗净切段，姜去皮切片。

2. 锅内烧开水，投入土鸡块，用中火汆去血渍，捞出洗净。

3. 取沙锅，加入土鸡块、茶树菇、无花果、枸杞子、姜，注入适量清水，大火煲开后，改用小火煲约 2 小时，调入盐、鸡精即可食用。

营养师语

茶树菇性平，甘温，无毒，益气开胃，有健脾止泻、补肾滋阴、健脾胃、提高免疫力、增强人体防病能力的功效。常食可起到抗衰老、美容等作用。

温馨提示

茶树菇是湘、粤等地的特产，营养丰富，有鲜、干之分。茶树菇有养颜、防衰老和抗疾病的功效，曾一度被列为宫廷贡品。

花旗参猴头菇煲乳鸽

材料

乳鸽 300 克，花旗参 30 克，猴头菇 250 克，枸杞子 10 克，姜适量。

制作方法

1. 乳鸽宰净，切成大块，置沸水中稍余烫，煮去血水。

2. 猴头菇用温水浸泡洗净，其他材料用清水洗净。

3. 沙锅内加入适量清水，水开后将所有材料放入，大火煲开，转小火煲 2 小时，再转大火煲 15 ~ 30 分钟即可食用。

营养师语

花旗参作为补气保健首选药材，可以促进血清蛋白合成、骨髓蛋白合成、器官蛋白合成等，提高机体免疫力。

温馨提示

服用花旗参后不宜喝茶及吃萝卜，因为茶叶中含有大量的鞣酸，会破坏花旗参中的有效成分，而萝卜则有消药的功效，会化解花旗参的药性。

海底椰苹果炖猪小肘

材料

海底椰 50 克，苹果 300 克，猪小肘 500 克，鲜鸡脚 150 克，生姜 5 克，葱 5 克，南北杏 5 克，鸡精 5 克，盐适量。

制作方法

1. 苹果切开去籽，猪小肘切块，生姜去皮，葱切段，海底椰切开。

2. 锅内烧水，待水开时，将猪小肘肉、鲜鸡脚汆去血渍，捞出洗净。

3. 鸡脚、猪小肘肉、海底椰、苹果、南北杏、生姜、葱放入炖盅内，注入清水，炖 2.5 小时，调入盐、鸡精即可食用。

营养师语

海底椰原产非洲，以清燥热、止咳功效显著而闻名，且具有滋阴补肾、润肺养颜、强壮身体机能的作用。

温馨提示

新鲜的海底椰有清香的香味，如果你拿起来时，里面流出许多水而有异味，那就表明是不新鲜的海底椰。

莲藕瘦肉汤

材料

莲藕 500 克，瘦肉 500 克，鱿鱼 100 克，绿豆 50 克，脊骨 500 克，生姜 10 克，鸡精 5 克，盐适量。

制作方法

1. 瘦肉、鱿鱼切块，莲藕切块，脊骨斩块，生姜去皮。

2. 锅烧水，待水开时，放入脊骨、瘦肉氽去血渍。

3. 取沙锅，放入脊骨、瘦肉、莲藕、鱿鱼、绿豆、生姜，加入清水，大火煲开后，改用小火煲 2 小时，调入盐、鸡精即可食用。

营 养 师 语

鱿鱼中含有丰富的钙、磷、铁元素，对骨骼发育和造血十分有益，可预防贫血。鱿鱼除了富含蛋白质及人体所需的氨基酸外，还含有大量牛黄酸，是一种低热量食品。

温馨提示

鱿鱼须煮熟透后再食，皆因鲜鱿鱼中有一种多肽成分，若未煮透就食用，会导致肠运动失调。

南瓜山斑鱼煲脊骨

材料

南瓜 300 克，山斑鱼 500 克，脊骨 500 克，猪小肘 200 克，生姜 10 克，鸡精 5 克，盐适量。

制作方法

1. 南瓜去皮切块；山斑鱼剖好、洗净；脊骨、猪小肘斩块。

2. 锅烧水，待水沸时，放入脊骨、猪小肘氽去血渍，捞出洗净。

3. 取沙锅，放入山斑鱼、脊骨、猪小肘、南瓜、生姜，加入清水，大火煲开后，改用小火煲 2 小时，调入盐、鸡精即可食用。

营养师语

山斑鱼营养丰富、肉质细嫩、味道鲜美。它是高蛋白、低脂肪的美味食品，能养血滋阴、益气强身、补心通脉、去热补精，同时又是煲靓汤的极佳材料，有清热解毒、拔毒生机的功效，为广大群众所喜爱。

温馨提示

常吃南瓜，可使大便通畅、肌肤丰美，尤其对女性有美容作用。

薏米冬瓜煲猪蹄

材料

猪蹄 500 克，冬瓜 500 克，薏米 30 克，眉豆 50 克，姜适量。

制作方法

1. 冬瓜去皮，切块；薏米、眉豆洗净，略泡。

2. 猪蹄洗净去毛，用沸水氽去血水。

3. 沙锅内加入适量清水，水开后将所有材料放入，大火煲开后转小火煲 1.5 小时，再转大火煲 30 ~ 45 分钟即可食用。

营养师语

冬瓜是一种药食兼用的蔬菜。中医认为，冬瓜味甘、淡、性凉，入肺、大肠、小肠、膀胱经；具有润肺生津、化痰止渴、利尿消肿、清热祛暑、解毒排脓的功效。

温馨提示

猪蹄快速除毛妙招：先洗净猪蹄，然后用开水煮到皮发胀，再取出用指钳将毛拔除，省力省时。

玉米淮杞脊骨汤

材料

猪脊骨 400 克，鸡脚 250 克，嫩玉米棒 400 克，山药 15 克，枸杞子 20 克，红枣 20 克，姜 8 克，盐适量。

制作方法

1. 猪脊骨洗净斩块；鸡脚洗净；玉米洗净后连芯切段；山药、枸杞子、红枣洗净，红枣去核；姜切片。

2. 沙锅内加入清水，放入猪脊骨、鸡脚、玉米、山药、枸杞子、红枣、姜，大火煲开。

3. 改用小火煲 2.5 小时，加盐调味即可食用。

营 师 语

猪脊骨最多是用来煲汤，几乎可以搭配所有食材，以增汤水之清甜，且有滋补肾阴、填补精髓之效。

温馨提示

有火热症者忌用此汤。此汤最好用脊髓多的脊骨，因为脊髓有很好的补肾功效。

椰皇炖鲍鱼

材料

椰皇1只，鲜鲍鱼50克，瘦肉50克，鸡脚50克，枸杞子3克，生姜2克，葱2克，盐2克，鸡精2克。

制作方法

1. 椰皇切开盖；鲜鲍鱼剖好；瘦肉切粒；姜去皮；葱切段。

2. 锅内烧水，待水开时，投入瘦肉、鲜鲍鱼氽去血水，捞出洗净。

3. 将瘦肉、鲜鲍鱼、姜、葱、鸡脚、枸杞子放入椰皇内，加入清水炖2小时，调味即可食用。

营 养师语

　　鲍鱼有滋阴、平衡血压和滋补养颜的食疗功效。鲍鱼能滋阴清热、养肝明目，尤以明目功效明显，故有明目鱼之称，可治疗肝肾阴虚及肝血虚、视物昏暗等症。

温馨提示

　　鲍鱼的清洗：鲍鱼放入盆中，注入30℃的温水浸泡约2～3天，然后用小毛刷去毛灰、细沙及黑膜，洗净即可。

眉豆木瓜雪耳煲鲫鱼

材料

眉豆 150 克, 木瓜 300 克, 雪耳 50 克, 鲫鱼 500 克, 脊骨 500 克, 生姜 10 克, 猪小肘 200 克, 鸡精 5 克, 盐适量。

制作方法

1. 木瓜去皮切块、去籽; 鲫鱼剖好切块; 脊骨斩块; 生姜去皮。

2. 沙锅烧水, 待水沸时, 放入脊骨、鲫鱼、猪小肘余出血水。

3. 取沙锅, 放入脊骨、猪小肘、鲫鱼、生姜、眉豆、木瓜、雪耳, 加入清水, 大火煲开后, 改用小火煲 2 小时, 调入盐、鸡精即可食用。

营养师语

木瓜富含17种以上氨基酸及钙、铁等, 还含有木瓜蛋白酶、番木瓜酶等。其维生素的含量是苹果的 8 倍, 半个中等大小的木瓜足以供成人整天所需的维生素 C。

北方木瓜具有较强的药用价值, 但不宜鲜食, 食用多采用南方的番木瓜。木瓜中的番木瓜碱对人体有小毒, 因此每次食量不能过多, 过敏体质者应慎用。

干贝鱼肚炖石蛤

材料

干贝20克，发好鱼肚150克，石蛤300克，猪小肘150克，鸡脚120克，姜3克，葱3克，枸杞子5克，盐5克，鸡精5克。

制作方法

1. 石蛤剖好，猪小肘斩块。

2. 用锅烧水沸后，放入猪小肘、石蛤、鸡脚、鱼肚氽去血水，捞出洗净。

3. 将干贝、猪小肘、石蛤、鱼肚、鸡脚、枸杞子、姜、葱放入炖盅内，炖2小时，调入盐、鸡精即可食用。

营养师语

干贝营养丰富，鲜味足。鱼肚富含蛋白质，有补肾益精、滋养筋骨等功效，尤其对糖尿病患者有助益。石蛤营养丰富，含有大量蛋白质、糖类和少量脂肪。

温馨提示　石蛤味道鲜美，营养丰富，烹饪方法也很多，除用于煲汤外，还可以蒸、炒、炸等，同样备受欢迎。

玉竹百合炖海鱼

材料

玉竹 15 克，百合 20 克，猪小肘 200 克，鸡脚 50 克，海鱼 500 克，红枣 10 克，老姜 10 克，葱 5 克，枸杞子 5 克，沙参 10 克，盐 5 克，鸡精 5 克。

制作方法

1. 海鱼剖洗干净；猪小肘、鸡脚斩块；玉竹、百合洗净。

2. 用锅烧水沸后，放入猪小肘、鸡脚汆去表面血渍，倒出洗净；海鱼煎透。

3. 将猪小肘、鸡脚、玉竹、百合、海鱼、老姜、葱、红枣、沙参、枸杞子放入炖盅内，加入清水炖 2 小时，调入盐、鸡精即可食用。

营养师语

百合富含水分，可以解渴润燥，有良好的营养滋补之功，对病后体弱、神经衰弱等症大有裨益；常食有润肺、清心、调中的功效，可以止咳、止血、开胃、安神，有助于增强体质。

温馨提示

玉竹以条粗长、淡黄色饱满质结、半透明状、体重、糖分足者为佳。

椰子黄豆炖无花果

材料

椰子1个，黄豆80克，无花果60克，枸杞子10克，猪瘦肉300克，蜜枣适量。

制作方法

1. 黄豆洗净，浸泡2小时以上；猪瘦肉洗净，切块，放入沸水中，氽去血水。

2. 在椰子顶部约四分之一处砍一刀，把小的部分作为盖子，椰子大的部分作炖盅，倒出椰汁，取出椰肉切成小块。

3. 将所有材料、椰汁、椰肉放入椰子炖盅中，加适量水，盖上椰子盖，置沙锅中，以保鲜膜封住，隔水炖2小时即可食用。

营养师语

椰子含有糖类、脂肪、蛋白质、维生素B族、维生素C及微量元素钾、镁等，能够有效地补充人体的营养成分，提高机体的抗病能力。

温馨提示

生黄豆含有抗胰蛋白酶因子，会影响人体对黄豆营养成分的吸收，因此，食用黄豆及豆制食品，烧煮的时间要稍长。

核桃煲鸭子

材料

核桃 50 克，鸭 1 只，红枣 20 克，生姜 10 克，脊骨 500 克，猪小肘 200 克，盐 10 克，鸡精 5 克。

制作方法

1. 鸭宰好、斩块；脊骨、猪小肘斩块；生姜去皮、拍碎。

2. 沙锅烧水至水开后，放入脊骨、鸭、猪小肘汆去血渍。

3. 取沙锅一个，放入脊骨、猪小肘、鸭、姜、核桃、红枣加入清水，煲 2 小时后调入盐、鸡精即可食用。

营养师语

此汤是滋补汤水，有温肺、补肾之功，主治虚寒喘咳、肾虚腰痛等症。核桃仁因有润燥滑肠作用，故便稀腹泻时忌食用。

温馨提示

核桃以个大圆整，壳薄白净，出仁率高，果身干燥，桃仁片张大，色泽白净，含油量高的为质优。

四宝煲老鸽

材料

绿豆 100 克, 芡实 50 克, 脊骨 600 克, 瘦肉 100 克, 生姜 10 克, 莲子 50 克, 花生 50 克, 老鸽 1 只, 盐 10 克, 鸡精 5 克。

制作方法

1. 先将老鸽剖好、洗净；脊骨、瘦肉斩块；莲子、绿豆、芡实、花生洗净。

2. 沙锅烧水至水开时，将脊骨、老鸽、瘦肉氽去血渍，捞出冲净。

3. 取沙锅 1 个，放入莲子、绿豆、花生、芡实、老鸽、脊骨、瘦肉、姜，加入清水，煲 2 小时后调入盐、鸡精即可饮用。

营 **养师语**

绿豆能排毒清肠道，莲子补血清肺热，芡实可延年益寿。此汤能有效改善心悸不安、失眠、夜寝多梦、男子遗精滑精、女子月经过多等症状。

温馨提示

优质绿豆外皮蜡质，子粒饱满、均匀，很少破碎，无虫，不含杂质。其次闻其气味。优质绿豆具有正常的清香味，无其他异味。

淡菜香菇瘦肉汤

材料

淡菜 100 克，香菇 150 克，老姜 5 克，盐 5 克，瘦肉 250 克，龙骨 300 克，鸡精 5 克。

制作方法

1. 先将龙骨、瘦肉斩块；淡菜、香菇洗净；老姜去皮拍碎。

2. 煲内水开后，放入龙骨、瘦肉氽去血渍，倒出洗净。

3. 沙锅装水，用大火烧开后，放入龙骨、瘦肉、淡菜、香菇、老姜，煲 2 小时后调入盐、鸡精即可食用。

营 师语

淡菜含丰富的蛋白质、矿物质，能够清除刚阳内热，对高血压病患者尤其有食疗的效用；瘦肉性质温和，不寒不热，亦不滞，适合任何体质的人食用；香菇性平味甘，补胃益气，富含多种维生素。

温馨提示

淡菜一般人都可以食用，尤其适合老年头晕、阴虚阳亢、头晕腰痛、小便余沥、妇女白带、下腹冷痛、高血压、耳鸣眩晕等患者食用。

章鱼节瓜煲花蟹

材料

章鱼 50 克，节瓜 200 克，花蟹 200 克，姜 8 克，盐 3 克，味精 2 克，料酒 3 毫升，枸杞子 3 克，胡椒粉适量。

制作方法

1. 章鱼用温水泡透，切成片；花蟹清洗干净砍件；节瓜去皮切成块；姜去皮切片。

2. 锅内烧水至水开后，放入章鱼汆去血渍，捞起待用。

3. 取沙锅 1 个，加入章鱼、节瓜、花蟹、枸杞子、姜，注入适量清水、料酒，用小火煲约 2 小时，调入盐、味精、胡椒粉即可。

营 养 师 语

节瓜的老瓜、嫩瓜均可食用，是一种营养丰富、口感鲜美、炒食做汤皆宜的瓜类。嫩瓜肉质柔滑、清淡，烹调以嫩瓜为佳。在香港，花瓣新鲜未干的嫩节瓜，更被视为高档蔬菜。

温馨提示

选购节瓜时，瓜身多毛、色泽光亮的，才是新鲜的节瓜。

雪花鱼丝羹

材料

大黄鱼 600 克，熟火腿 15 克，冬笋 75 克，干香菇、淀粉、鸡蛋清、盐、葱、胡椒粉、熟猪油、高汤、味精各适量。

制作方法

1. 大黄鱼切下脊肉，加入盐，用刀背捶成泥，鱼泥两面蘸上淀粉，再用擀面杖擀成薄片。

2. 将鱼片放入沸水中汆 1 分钟后捞出，在冷水中过凉，捞出切成粗丝；鸡蛋清打散；冬笋、水发香菇、熟火腿均切成细丝。

3. 炒锅置大火上，下高汤煮沸，放入鱼丝、冬笋丝、香菇丝，加盐、味精，煮沸。用水淀粉勾薄芡，倒入鸡蛋清搅拌一下，加锅盖焖 5 秒钟，淋上熟猪油，放入葱末、熟火腿丝，撒上胡椒粉即可。

营养师语

大黄鱼别称黄花、大鲜、黄瓜鱼、大黄花鱼。大黄鱼肉质较好且味美，"松鼠黄鱼"为筵席佳肴。黄鱼含有丰富的蛋白质、微量元素和维生素，对人体有很好的补益作用。

温馨提示

选完整无伤的冬笋放入塑料袋中，扎紧袋口，这样可存放 1 个月。

鸡蓉玉米羹

材料

鸡肉 250 克，玉米 50 克，淀粉、盐、食用油、味精各适量。

制作方法

1. 将玉米洗净，起出玉米粒备用；鸡肉洗净剁碎。

2. 将玉米粒放入水里烧开，煮至熟烂。

3. 放入鸡肉碎，搅散；再放芡汁，调味即可。

营养师语

玉米含有赖氨酸和微量元素硒，其抗氧化作用有益于预防肿瘤，同时玉米还含有丰富的维生素 B_1、维生素 B_2、维生素 B_6 等，对保护神经传导和胃肠功能，预防脚气病、心肌炎、维护皮肤健美有很好的效果。

温馨提示

凡实证、热证或邪毒未清者不宜服此羹。将鸡肉和玉米都煮烂，汤会格外香甜可口。

生姜陈皮椒鱼羹

材料

生姜30克，陈皮10克，胡椒3克，鲜鲫鱼1条（约250克），盐适量。

制作方法

1. 鲜鲫鱼去鳞，剖腹去内脏，洗净；将生姜洗净，切片。

2. 将生姜与陈皮、胡椒共装入纱布袋内，包扎好后填入鱼腹中。

3. 加水适量，用小火煨熟即成。

营养师语

陈皮含有的挥发油对胃肠道有温和的刺激作用，可促进消化液的分泌，排除肠管内积气，有健胃和祛风下气的效用。

温馨提示

食用时，除去腹中的药袋，加盐少许，可单食。

冬瓜蛋黄羹

材料

冬瓜 100 克，鸡蛋 1 个，姜 15 克，水淀粉 10 毫升。

制作方法

1. 将冬瓜去皮去瓤，洗净切碎；鸡蛋煮熟，留蛋黄备用。

2. 锅中放入清水、姜片煮开，再放入冬瓜丁煮熟。

3. 蛋黄放入锅中煮 1 分钟，加水淀粉勾芡即可。

营养师语

　　蛋黄集中了鸡蛋的大部分脂肪，其中一半以上是食用油当中的主要成分——油酸，对预防心脏病有益。冬瓜是瓜蔬中唯一不含脂肪的食品，具有很好的减肥作用。

温馨提示

　　好的冬瓜外形要匀称、没有斑点、肉质较厚、瓜瓤少。用手掂一下，分量重的水分足、肉厚瓤少，是好冬瓜。

人参莲子羹

材料

莲子 300 克，人参 10 克，菠萝 100 克，淀粉 30 克，冰糖 500 克。

制作方法

1. 人参温水泡软，洗净切片；莲子洗净去芯；淀粉加水调匀成水淀粉；菠萝去皮切块，用盐水浸泡 1 小时待用。

2. 煮沸清水，加入莲子大火隔水蒸至熟烂，放入冰糖、人参再蒸 30 分钟。

3. 另外开锅，冰糖加水熬化，加入菠萝、莲子、人参（连汤）一同烧开，再倒入水淀粉勾芡即可。

营养师语

莲子中的钙、磷和钾含量非常丰富，磷是细胞核蛋白的主要组成部分，可帮助机体进行蛋白质、脂肪、糖类代谢，并维持酸碱平衡，对精子的形成也有重要作用。莲子有养心安神的功效。

温馨提示

好莲子必须是干燥的，没有受潮，不干燥的莲子不易保存，很容易长虫子。

豆腐鱼蓉蔬菜羹

材料

鱼肉 250 克，豆腐 1 块，大白菜 250 克，盐、食用油、味精、水淀粉各适量。

制作方法

1. 在锅里加入切好的豆腐煮开。
2. 然后倒入切好的大白菜。
3. 倒入鱼蓉，最后加入水淀粉，加盐、味精调味即可。

营 养师语
　　白菜中含有丰富的维生素 C、维生素 E，多吃白菜，可以起到很好的护肤和养颜效果。

温馨提示
　　鱼肉一定要把刺挑干净，鱼蓉要剁碎。

山药奶肉羹

材料

山药片 100 克，羊肉 500 克，生姜 25 克，牛奶、盐各适量。

制作方法

1. 将羊肉清洗干净。

2. 将羊肉与生姜一起入锅，加水适量，以小火清炖半日。

3. 取羊肉汤 1 碗，加山药片放锅内煮烂后，再加牛奶 1/2 碗、食盐少许，待沸后即可食用。

营养师语

按中医的说法，羊肉味甘而不腻，性温而不燥，具有补肾壮阳、暖中祛寒、温补气血、开胃健脾的功效，所以冬天吃羊肉最佳，既能抵御风寒，又可滋补身体，实在是一举两得的美事。

温馨提示

红酒和羊肉是禁忌，一起食用后会产生化学反应。

当归羊肉羹

材料

当归 20 克，羊肉 500 克，黄芪 20 克，党参 20 克，大葱、生姜、盐、味精各适量。

制作方法

1. 羊肉切片放入沙锅内。

2. 另取当归、黄芪、党参，用纱布包好，放入锅内。

3. 加水适量，以文火煨炖至烂熟。再加葱、姜、盐、味精调味即可。

营养师语

中医学认为，当归味甘而重，故专能补血；其气轻而辛，故又能行血；补中有动，行中有补，为血中之要药。换言之，它既能补血，又能活血；既可通经，又能活络。

温馨提示

当归以主根粗长、油润、外皮颜色为黄棕色、肉质饱满、断面颜色黄白、气味浓郁者为佳。

酸辣豆腐羹

材料

豆腐2块，香菇100克，里脊肉100克，冬笋50克，香菜10克，葱、姜、盐、醋、鸡精、胡椒粉、香油、水淀粉、鸡精、高汤各适量。

制作方法

1. 将豆腐切成小块；里脊肉切成丝；香菇、冬笋、葱、姜洗净切成丝；香菜洗净切成末。

2. 锅内放入清水烧开，然后放入豆腐、香菇丝、冬笋丝、肉丝焯一下捞出放入盘中。

3. 锅内放入高汤、盐、鸡精、醋、胡椒粉、香油，待锅开后倒入豆腐丝、冬笋丝、肉丝勾薄芡撒上葱、姜丝、香菜末即可出锅。

营养师语

冬笋是一种富有营养价值并具有医药功能的美味食品，质嫩味鲜，清脆爽口，含有蛋白质和多种氨基酸、维生素及钙、磷、铁等微量元素和丰富的纤维素，能促进肠道蠕动，既有助于消化，又能预防便秘和结肠癌的发生。

温馨提示

新鲜竹笋在采收后放置常温下会很快就纤维化，所以为了新鲜最好尽快食用。

Part 5 可口点心

点心在宴席中的角色

在日常生活中，点心是一种常见的食品，但它却有着极其重要的作用。第一，点心既可作早餐、午餐、晚餐，也可以作为主食。第二，点心能满足人们充饥的欲望，同时又能增加营养，满足人体的生理平衡。第三，点心在宴席中能起到调节变换口味的作用，同时又能使宴席增添花色和趣味感。有道是"无点不成宴"。

点心一般由馅心与皮两部分组成，而馅心是形成点心风味的主要部分，馅心有生、熟、荤、素、甜、咸之分。宴席点心的馅心首先要立足本味，发挥原料的质地美，取料新鲜、卫生，通过精细加工，使咸馅鲜嫩、多卤，甜馅细腻、香甜。中式糕点制作材料的选择非常广泛，除米麦之外，差不多所有的植物类食物都可作为制作糕点的原料选择，动物类原料多用来作为馅料的选择。而中式糕点又有煎、炸、烤、蒸等多种烹饪方法，只要材料和烹饪方法搭配得当，就可以制作出营养丰富的糕点来。

另一方面，主人需要考虑到的是，点心一般在最后上菜，此前宾客们已吃了大量的佳肴，从营养角度看，体内蛋白质、脂肪、脂溶性维生素等往往已达饱和，这时如果能上一些荤素搭配的点心，不仅能起到解腻调味的作用，而且还可为人体提供所必需的大量维生素、纤维素及其他复合糖类，降低脂肪在总热量中的百分比，更有效地发挥蛋白质的生理功能，起到平衡膳食的作用。

点心可口，但在制作时间上可能会比较耗时，对外观也有一定的要求，主人在准备宴席点心时花费的心思不少于主菜，所以在挑选制作何种点心时，要结合自身的技术、条件来选择。

金菇素菜包

材料

皮：低筋面粉 1000 克，白糖 200 克，泡打粉 15 克，酵母 8 克，牛奶 100 毫升，水 350 毫升，猪油 10 克，菠菜 400 克。

馅：金针菇、黑木耳、银耳、贡菜、胡萝卜各 100 克，盐、味精、淀粉各适量。

制作方法

1. 馅料分别洗净，全部切碎。

2. 切碎的馅料放入锅内爆香，加入盐、味精炒熟，然后用淀粉勾上芡汁，盛起晾凉待用。

3. 菠菜加水榨汁。

4. 低筋面粉开窝，加入泡打粉、酵母、白糖、牛奶、猪油、水、菠菜汁搓匀。

5. 面团反复搓至纯滑。

6. 搓成长条形，分成每 25 克的小份，擀成圆形薄皮。

7. 包上馅料，收紧接口，折出鼠形。

8. 放入蒸笼静置饧发 45 分钟后，蒸 8 分钟即成。

温馨提示　馅料勾芡稀浓要适中，注重馅料的口感。

清香枣泥包

材料

皮: 高筋面粉400克,低筋面粉100克,水220毫升,盐3克。

馅: 红枣600克,白糖150克,低筋面粉100克,食用油100毫升。

制作方法

1. 用开水烫熟低筋面粉。

2. 高筋面粉开窝,放入烫熟的低筋面粉、盐,加水搓匀,至纯滑、带有筋性。

3. 把面团搓成长条形,分成每份20克的小份,擀成圆形面皮,厚约2毫米。

4. 红枣加水,蒸至熟烂,用打蛋器搅至枣皮分离。用纱网筛篱,滤去残渣。

5. 加入白糖、低筋面粉、食用油拌匀,放盘中蒸熟。

6. 晾凉后以每份20克,搓成圆形,待用。

7. 面皮包上枣泥馅,搓圆待用。

8. 放入蒸笼静置饧发45分钟后,蒸8分钟即成。

温馨提示　红枣一定要滤净枣皮,否则口感不细滑。

鲍汁叉烧包

材料

皮：面种 50 克，低筋面粉 1500 克，泡打粉 10 克，溴粉 3 克，白糖 120 克，碱水 0.5 毫升，牛奶 50 毫升，水 175 毫升。

馅：叉烧肉 250 克，鲍汁芡 200 克。

鲍汁芡：上汤 500 毫升，鲍汁 100 毫升，老抽 10 毫升，普通酱油 50 毫升，盐 10 克，味精 10 克，鸡精 20 克，白糖 200 克，淀粉 100 克，马蹄粉 50 克，姜、葱、食用油、香油各适量。

温馨提示　面种不宜发酵过老，碱水用量视面种发酵程度增减。

制作方法

制作鲍汁：

1. 炒锅下油爆香葱、姜。

2. 加入上汤稍微煮片刻，等葱、姜出味。

3. 加入鲍汁、普通酱油、老抽、盐、味精、鸡精、白糖等。

4. 先把葱姜滤掉，然后加入马蹄粉、淀粉，边加入边搅拌。

5. 小火搅拌约 15 分钟，至完全熟透并带有筋性。

6. 倒入盘后，加入少许油封住表面，以防散失水分。

面种制作：

1. 用 325 克低筋面粉开窝，加入 175 毫升水和 50 克面种，用手搓匀。

2. 搓至纯滑，用桶装起加盖密封，在常温 24℃～28℃下，发酵 6～7 小时，起发后可用。

包子制作：

1. 叉烧肉与鲍汁芡拌匀成馅待用。

2. 面种起发后，加入白糖顺同一方向搓至白糖完全溶化。

3. 再加入牛奶、碱水、溴粉。

4. 低筋面粉和泡打粉和匀，与面种搓匀至面团光滑。

5. 把面团搓成长条形，分成每份 30 克的小份。

6. 擀成圆片形，中间稍厚，四边稍薄。

7. 包上馅料，捏成雀笼形，收紧接口。

8. 放入蒸笼静置饧发 45 分钟后，蒸 8 分钟即成。

莲蓉包

材料

皮：低筋面粉 500 克，白糖 100 克，泡打粉 4 克，
酵母 4 克，改良剂 25 克，水 225 毫升。
馅：莲蓉适量。

制作方法

1. 将低筋面粉开窝，加入白糖、泡打粉、改良剂、
   酵母。

2. 加水和匀，搓至白糖溶化、表面光滑。

3. 将面团分成小份，包入莲蓉馅，搓圆。

4. 在常温下静置饧发 60 分钟，放入蒸
   笼用大火蒸约 10 分钟即成。

温馨提示　包馅时不要把包子旋转过度，否则馅会偏离中心，出现厚薄不均的现象。

奶皇包

皮：低筋面粉 500 克，白糖
100 克，泡打粉 4 克，酵母
4 克，改良剂 25 克，水 225
毫升。
馅：奶皇馅适量。

制作方法

1. 将低筋面粉开窝，加入白
糖、泡打粉、改良剂、酵
母和水。

2. 和匀，搓至白糖溶化、表
面光滑。

3. 将面团分成小份，包入奶
皇馅，搓圆。

4. 在常温下静置饧发 60
分钟。

5. 放入蒸笼用大火蒸约 10
分钟即成。

温
馨 提
示　　　包子要饧发松软后再蒸。

175

韭菜饺

材料

皮：面粉 500 克，水 250 毫升。

馅：韭菜 200 克，胡萝卜 10 克，马蹄 20 克，猪肉 100 克，盐 6 克，味精 7 克，白糖 9 克。

制作方法

1. 韭菜、胡萝卜、马蹄、猪肉切粒，加盐、味精和白糖拌匀。

2. 取 50 克面粉用沸水烫熟，把烫熟的面粉混合剩余的面粉，加入水和匀。

3. 搓成长条，分切成每份 15 克的小份，擀成圆形面皮。

4. 包入馅料，捏好收口。

5. 放入锅中煎至两面金黄色即成。

温馨提示　　煎饺时要移动煎锅，使火候均匀。

金针菇玉米饺

材料

皮: 鳕鱼玉燕皮、香菜梗适量。
馅: 猪肉馅 300 克, 玉米粒 200 克, 金针菇 80 克, 盐、味精各适量。

制作方法

1. 猪肉馅和玉米粒拌匀, 再加入盐、味精拌匀待用。

2. 用鳕鱼玉燕皮包上馅料, 顶部放上金针菇卷成圆锤状。

3. 尾部插上香菜梗装饰。

4. 放入蒸笼蒸 6 分钟即成。

温馨提示　　造型时手上动作要轻。

彩椒盅上汤饺

材料

皮：鳕鱼玉燕皮数张，彩色圆辣椒数个。

馅：鲜虾仁 500 克，干海菜 10 克，盐 4 克，白糖 3 克，淀粉 8 克，胡椒粉、上汤各适量。

制作方法

1. 干海菜用水浸泡 20 分钟，抓干水分备用。

2. 把一半的虾仁剁成胶状。

3. 加入另一半虾仁、海菜、盐、白糖、淀粉、胡椒粉，拌匀成馅。

4. 用鳕鱼玉燕皮包入馅料，捏紧。

5. 彩色圆辣椒用刀切出盅形，用水煮熟彩椒。

6. 煮熟饺子，连上汤一起装入彩盅内，上碟即成。

温馨提示　彩椒盅不宜煮过熟，否则会影响外形。

北极贝蟹肉饺

材料

皮：鳕鱼玉燕皮数张。

馅：北极贝 30 克，蟹柳条 5 条，虾胶 150 克，鱿鱼胶 150 克，黑鱼子 10 克。

制作方法

1. 蟹柳切碎，与虾胶、鱿鱼胶和匀。
2. 将鳕鱼玉燕皮包上馅料，然后对折，把皮往里推入。
3. 另一边捏成尖状。
4. 北极贝中间用刀轻切开。
5. 放在饺子中间，压结实。
6. 放入蒸笼蒸 5 分钟后，放上黑鱼子即成。

温馨提示　将虾仁拍烂，剁成末状，用手轻打至起胶，加入盐、味精、白糖、淀粉拌匀即成虾胶。鱿鱼胶同理。

烧汁鳗鱼酥

材料

油心：低筋面粉 1250 克，牛油 700 毫升，猪板油 1000 克。

水油皮：低筋面粉 1000 克，高筋面粉 200 克，吉士粉 150 克，鸡蛋 2 个，黄牛油 100 克，水 1150 毫升，白糖 150 克。

馅：鳗鱼肉 500 克，烧烤汁 40 毫升，鲍汁芡 60 毫升，紫菜适量。

温馨提示　　酥皮切块时，刀口尽量轻碰，以免影响层次感。

制作方法

酥皮制作：

1. 将低筋面粉、高筋面粉、吉士粉开窝，加入白糖、黄牛油、鸡蛋、水搓匀，搓至纯滑。

2. 压薄成长方形，铺在托盘中，用保鲜纸包好，静置饧发约 1 小时，入冰箱冷藏，成为水油皮。

3. 低筋面粉加入牛油、猪板油搓匀至没有颗粒物。

4. 放在已包保鲜纸的方盘抹平，冷藏，成为油心。

5. 水油皮擀薄至油心的 2 倍宽度，油心放中间，两边包起捏紧。

6. 擀薄至原来长度的 3 倍，然后对折 3 层，再擀至原来长度的 3 倍，对折 4 层即成。

7. 用保鲜纸包好，冷藏即成松酥皮。

烧汁鳗鱼酥制作：

1. 鳗鱼预先腌制好，切成 1.5 厘米 ×4.5 厘米的长方形。

2. 拌匀鲍汁芡，加入烧烤汁。

3. 松酥皮擀薄至 0.6 厘米厚，然后分切。

4. 再分切成 4 厘米 ×5 厘米的长方形。

5. 包上鳗鱼块在中间，两边折起，捆上紫菜，扎紧。

6. 放进烤盘，放入炉中以上火 190℃、下火 170℃烘烤约 30 分钟即成。

飘香榴莲酥

材料

水油皮: 高筋面粉750克,吉士粉150克,鸡蛋1个,黄牛油50克,水适量。

油心: 低筋面粉800克,薯粉200克,起酥油1000克。

馅: 榴莲肉适量。

制作方法

1. 高筋面粉开窝,加入吉士粉、蛋黄、黄牛油、水搓匀,搓至纯滑。

2. 擀薄放进托盘,用保鲜纸包紧饧发,1小时后冷藏成为水油皮。

3. 低筋面粉加入薯粉、起酥油搓匀。

4. 放进托盘,抹平稍冷藏,成为油心。

5. 把冷藏好的水油皮擀薄至油心宽度的2倍,包上油心。

6. 擀薄至80厘米长、35厘米宽,将皮边切平整。

7. 喷上适量水分,向中间对折。

8. 再对折,完成第一个四层。

9. 重复6、7、8步骤2次。

10. 完成3次叠层后,切成10厘米宽的条形,成为千层酥皮,稍冷藏后待用。

11. 千层酥皮顺直纹切出0.3厘米厚的皮。

12. 顺纹擀薄至0.15厘米。

13. 包上榴莲馅,收紧接口。

14. 下锅,用160℃油温炸至金黄色即成。

温馨提示

包馅时底部收口不要太厚。

虾米咸薄饼

材料

冰皮：糯米粉 250 克，水 300 毫升，盐 15 克，食用油 5 毫升。

馅：韭菜 50 克，火腿 30 克，虾米 20 克。

制作方法

1. 把糯米粉、盐、水和匀。

2. 边搅拌边加油制成粉浆。

3. 把火腿、虾米、韭菜切粒，炒熟。

4. 往平底锅中加入 1 勺粉浆。

5. 再均匀加入馅料，把两面煎至金黄色。

6. 铲起，用刀背在两边压一下。

7. 沿压痕折起来再对折。

8. 最后切块即成。

温馨提示

烫粉浆时不能用大火。

五香芋头糕

材料

芋头 1000 克，水磨糯米粉 900 克，腊肉粒 150 克，虾米 100 克，盐 50 克，白糖 50 克，味精 10 克，五香粉 10 克，水 2500 毫升，色拉油 150 毫升。

制作方法

1. 芋头切小粒，炒香。

2. 爆香虾米和腊肉粒。

3. 糯米粉加水煮成米浆，加入炒好的虾米和腊肉粒，调入盐、白糖、味精、五香粉等调料。

4. 加入芋头粒，搅拌成糊状。

5. 将糊倒入已扫油的方盘内，抹平。

6. 用大火蒸约 50 分钟，放凉后切块即成。

温馨提示　芋头糕做好后不能立刻切开，要等凉了一会再切，不然会粘刀。

茶香山药卷

材料

皮：糯米粉 400 克，玉米粉 100 克，白糖 100 克，绿茶粉 40 克，水 520 毫升，面包糠适量。

馅：鲜山药 500 克，白糖 100 克，鲜奶油 80 克。

制作方法

1. 鲜山药去皮蒸熟，加入白糖、鲜奶油搅拌成馅。
2. 糯米粉、玉米粉、白糖、绿茶粉和匀，加入水搅拌成浆。
3. 蒸笼铺上布，倒入粉浆，蒸 6 分钟。
4. 蒸熟后，铺在案板上，卷上山药馅。
5. 粘上面包糠。
6. 斜切成块即成。

温馨提示

糯米浸泡一夜，水磨打成浆水，用布袋装着吊一个晚上，待水滴干了，把湿的糯米粉团掰碎晾干后就是成品的糯米粉。当然，在超市也能买到现成的糯米粉。

甘笋糯米馃

材料

皮：糯米粉 250 克，水 150 毫升，甘笋、香菜适量。
馅：莲蓉 100 克。

制作方法

1. 甘笋榨汁。

2. 糯米粉加水搓至表面光滑。

3. 加入甘笋汁继续搓揉均匀。

4. 把面团搓成条状，分切成每份 30 克的小份。

5. 把小面团用手压扁，包上莲蓉，轻轻搓成水滴形。

6. 放入约 160℃的油锅中炸至金黄色，捞起插上香菜头即成。

温馨提示

炸时油温不能太低。

185

图书在版编目（CIP）数据

家常招牌宴客菜 / 犀文图书编著 . — 天津：天津科技翻译出版有限公司 , 2014.1

ISBN 978-7-5433-3354-3

Ⅰ. ①家… Ⅱ. ①犀… Ⅲ. ①家常菜肴－菜谱 Ⅳ. ① TS972.12

中国版本图书馆 CIP 数据核字 (2014) 第 000687 号

出　　　版：天津科技翻译出版有限公司

出 版 人：刘　庆

地　　　址：天津市南开区白堤路 244 号

邮政编码：300192

电　　　话：（022）87894896

传　　　真：（022）87895650

网　　　址：www.tsttpc.com

策　　　划：犀文图书

印　　　刷：深圳市新视线印务有限公司

发　　　行：全国新华书店

版本记录：787×1092　16 开本　12 印张　120 千字
　　　　　2014 年 1 月第 1 版　2014 年 1 月第 1 次印刷
　　　　　定价：39.80 元

犀文图书敬告：本书在编写过程中参阅和使用了一些文献资料。由于联系上的困难，我们未能和作者取得联系，在此表示歉意。请作者见到本书后及时与我们联系，以便我们按照国家规定支付稿酬。

电话：（020）61297659